Seadove

Seadove

窮業務與富業務

窮人
脫胎換骨
發展委員會

富人
俱樂部
招考辦公室

你花百分之九十九的時間，
做的是和別人相同的事，
你得到的效果就會和別人一樣。
另外的百分之一，
才是決定你做不做得到這筆生意的關鍵。

人們最感興趣的，是人，
其次是事，
最後才是觀念。

楊金翰 —— 著

前言：你是「窮業務」還是「富業務」

世界上八〇%的富豪都曾是業務員，由業務人員做起而逐漸被擢升為企業領導的人物，更是不可勝數，也許有人會不太相信，但事實確是如此。可見，在創造財富的道路上，業務員也許是最有實力的領跑者。然而，世界上的業務員卻可分為兩種，一種是富業務，另一種則是窮業務。

一位銷售高手說過：「**你不需要得到銷售大師奇格拉的傳授才能跑到業務。你花百分之九十九的時間，做的是和別人相同的事，你得到的效果就會和別人一樣。另外的百分之一，才是決定你做不做得到這筆生意的關鍵。**」

不管你的行業是什麼，萬變不離其宗：掌握關鍵時刻是業務成功的基石。如何掌握這一刻，是業務高手與庸才的分水嶺。

你可以拿著行銷教科書照本宜科，然而如果你沒做成生意，一切都是白搭。

每個跑業務的工作都不盡相同。其實，每個銷售情況也不同，「關鍵時刻」不是那麼容易能抓得住的。是客戶回絕的那一刻嗎？是找到做決策人士的那個時候嗎？還是再次向客戶推銷的那時呢？

人們最感興趣的，是人，
其次是事，
最後才是觀念。

許多業務員窮其一生，根本不瞭解銷售的程序，只是在對號入座罷了。如果你想和未來客戶搭上線的話，有時你就得出奇招了。

以運動來說，這就是所謂的致命一擊，你必須要不斷地練習才能常做得到。一旦你做到了，你就會樂此不疲無往不勝了。

不管是實力懸殊一邊倒的棒球賽的第一局，還是只得一分球賽的最後一局，一支安打所顯現出來的個別分數是一樣的，重要的是這支安打的時間點，才是勝負的關鍵。

世界潛能大師、效率提升專家博恩・崔西說過：「一個人有多成功，事業有多大，關鍵是看他怎樣去思考，怎樣去行動。」

也就是說，要想獲得銷售的成功，就得像富業務那樣去思考，就得向富業務一樣去行動。那麼，富業務是如何去思考，是怎樣去行動的呢？這也就是本書將與各位讀者一起分享的富業務致勝的秘訣。

目錄

人們最感興趣的，是人，
其次是事，
最後才是觀念。

人們最感興趣的，是人，
其次是事，
最後才是觀念。

第五章 心理法則：富業務讀懂心理業績升，窮業務盲從銷售步履艱

第六章 情感法則：富業務推銷自己重人情，窮業務推銷產品重利益

第七章 促成法則：富業務促成交易有學問，窮業務不熟方法欠收效

人們最感興趣的，是人，
其次是事，
最後才是觀念。

第一章：心態法則

富業務心態積極習慣好，
窮業務心態消極挫折多。

窮人脫胎換骨發展委員會

富人俱樂部招考辦公室

人們最感興趣的，是人，
其次是事，
最後才是觀念。

富業務一向相信自己

自信就像是船槳，讓你划的更遠，自信更像是翅膀，讓你更高的飛翔。一個人，不管做什麼事，要想成功，首先要自信。

自信，是一種積極向上的力量，對於一個業務員的成功是極其重要的。當你與顧客會談時，言談舉止若能表露出充分的自信，則會贏得顧客的信任，顧客信任了你才會相信你的商品說明，進而心甘情願地購買。透過自信，才能產生信用，而信用則是顧客購買你的商品的關鍵因素。因而自信是業務員所必須具備的，也是最不可缺少的一種氣質。

做為客戶，會遇到各種各樣的業務員，但並不是每一個業務員都能討得客戶的喜歡，如果你想成為一個富業務，那麼你一定要讓客戶喜歡你，什麼樣的人最受客戶歡迎呢？首先你必須衣著整齊，挺胸平首，笑容可掬，禮貌周到。對任何人都必須親切有禮，細心應付。這樣，就容易使顧客喜歡你，進而增強你的自信。如此，你的自信也會自然地流露於外表。

富業務總是相信自己一定能夠獲得成功，即使遇到挫折和失敗，也不能喪失信心。對於顧客而言，自信有時候比你的商品還要重要。有了它，你就不愁不會反敗為勝。

有的人在開始的時候，也是滿腹熱心，敲開顧客家門，卻遭到顧客冷言冷語，甚至無理侮辱，這時候他的自信就消失了。要知道，這時正是考驗你的自信心是否堅強的時候。一定要沉住氣，千萬不要流露出不滿的言行。你應該懂得，顧客與你接觸，並不會去考慮自己的言行是否得體，而總是在意你的言談舉止。顧客一旦發現你信心不足甚至醜態百出，則對你的商品不會有什麼好感了，即使他還是認為你的商品質地優良，很合其需要，也會得寸進尺，因為見你急於出手商品，便會乘虛而入，使勁殺價，而對你的推銷不利，這就使你失去了自信所致。

富業務往往對自己和自己的商品充滿了自信，必然會有一股不達目的絕不甘休的氣勢。堅持下去，才會有勝利。在導致自己失敗的消極態度中，罪魁禍首就是業務員預先失去信心，認為自己無法將商品出售的想法。

自信也會使你的推銷變成一種享受，你就更不會討厭它了。想一想就會明白，不自信的窮業務會把推銷當作是去受罪，是到處求別人的令人厭煩的工作。然而自信的富業務卻把推銷當作愉快的生活本身，既不煩躁，也不厭惡，因為他會在自信的推銷中對自己更加滿意，更加欣賞自己。

自信既是業務員必備的氣質和態度，又可以說是能倍增銷售額的一個妙計。自信也有分寸：不足便顯得怯懦，過分又顯得驕傲。所以，需要業務員善加把握。

並不是每一次銷售都會成功，也不是每一次銷售都會如意，善於調整自己的心態，是成為優秀業務員的一個基本保證。充滿自信的對待客戶、對待銷售工作，這樣才能形成一個良性循環，

人們最感興趣的，是人，
其次是事，
最後才是觀念。

你就有可能不斷的提高業績。

富業務提示：

每天都以一種積極的態度開始，在每一次推銷前，告訴自己這一次會做成。同時，也不要為自己制定過高的大目標。信心會隨著你每一次目標的實現而增長，而後隨著信心增長，再設置更高的目標。有了經驗之後，你會發現自信將意味著什麼。

富業務尊重自己的職業

尊嚴是一個人在社會上的立足之本，任何喪失尊嚴的行為都不會被別人重視，業務員在與客戶談判的過程中，心態一定要平穩，要做到不卑不亢，無論如何不能卑躬屈膝，因為這樣會大傷業務員的銳氣。

富業務很在乎自己的尊嚴，在他的意識裏，自己首先是個和客戶平等的人，不管客戶是什麼樣的客戶，在富業務的眼裏都是和自己平等的，富業務在這一行當中找到了自我滿足和挑戰的感覺。當他們逐漸熟悉推銷時，他們就不會再對這個行業存在消極的看法，並且他們也漸漸地對這個行業產生一種發自內心的喜愛。他知道，他的工作是給客戶服務，為客戶提供良好的產品，這是富業務的正常的心態。

而窮業務往往不懂得這一點，他們把銷售業績視為一切，為了業績他們不惜任何代價，甚至犧牲自尊。

推銷這件事並不一定要和嬉笑、飲酒有關。這之中也沒有逢迎諂媚，以及賄賂和私下交易的事情，千萬不要認為一名推銷員需要向別人打躬作揖才能完成一筆生意，如果有了這樣的想法，

人們最感興趣的，是人，其次是事，最後才是觀念。

那就大錯特錯了，是沒有把握住銷售人員應該具有的良好的心態。

身為一名業務員應該以推銷業為榮，因為它是一份值得別人尊敬及會使人有成就感的職業，如果有任何方法能使失業率降到最低，推銷即是其中最必要的條件。你要知道，一個普通的業務員可為三十位工廠的員工提供穩定的工作機會。這樣的工作，怎麼能說不是重要的呢？

當代美國偉大的推銷員喬・吉拉德說：**「每一個業務員都應以自己的職業為驕傲，因為業務員推動了整個世界。如果我們不把貨物從貨架上和倉庫裏面運出來，整個社會體系的鐘就要停擺了。」**

有的時候，當業務看起來似乎大勢已去時，窮業務常為了不想一事無成地失望回家而降格以求，他或許會向客戶請求說：「某某先生，請你幫幫我吧？我必須養家餬口，而且我的業務成績遠遠落後於別人，如果我拿不到這一筆生意，我真的不知道該如何面對我的老闆了。你可以幫我這個忙嗎？」

這個方式不但對業務員本身有害，它也是這個行業的致命傷。當一名業務員提出那樣的要求時，只能導致客戶看不起他，再也不會歡迎他了。

乞求別人購買你的產品是一種絕望的徵兆。它勾勒出一幅不安全、不穩定和欺騙的畫面。這是失敗者才幹的勾當。富業務絕不會去乞求別人的施捨，他們只會努力地使自己的工作變得更好更優秀，他們以自己的工作為榮，以滿足客戶的需要為他們的工作目標。

富業務提示：

任何一個業務員和客戶都是平等的關係，業務員不要把自己看的低下，要保持自己的尊嚴，只有這樣才能使自己充滿信心。

人們最感興趣的，是人，
其次是事，
最後才是觀念。

富業務時時充滿熱情

優秀的富業務必須具備的一項品格，也是推銷成功的首要的因素，就是熱情。

一般當人們的經驗不多時容易有較高的熱情。新雇員剛剛接受完培訓，急於做生意，但卻很少有機會出門。他的產品知識幾乎是零，他的經驗也是零。但使同事們吃驚的是，他沒有出門，卻做成了一筆又一筆買賣。原因就在於他用熱情感染了客戶。過了一段時間（大約三個月之後），這個新雇員成了一名老手。他學到的東西越來越多，他的經驗越來越豐富。他對產品瞭解得一清二楚，他信心十足，精通推銷。這時，他接受挑戰的欲望開始減退，他對事情不再感到驚異，熱情漸漸減退，不小心便可能淪為平庸之輩。

熱情無疑是我們最重要的秉性和財富之一。不管我們是三歲或三十歲，六歲或六十歲，熱情使我們青春永駐。任何年齡的人只要具有自我完善的強烈願望，他都可以找到永不衰老的源泉。每個人內心深處都具備著火熱的激情，只是它在等待著被開發利用，為建設性的業績和有意義的目標服務。熱情全靠自己創造，而不要等他人來燃起你的熱情火焰。沒有自身的努力，任何人都無法使你渴望去達到目標。試問，我們能在熱情中找到迷惑、失望、懼怕、頹廢、擔憂和猜疑嗎？

當然不能。這些消極情緒使你未老先衰。恰恰相反，熱情為你終生帶來年輕和成功。

美國哲學家愛默生說過：「沒有熱情，任何偉大的事業都不可能成功。」不管是什麼樣的事業，要想獲得成功，首先需要的就是工作熱情。推銷事業尤其如此。因為業務員整日、整月、甚至整年地到處奔波，辛苦推銷商品，其所遭遇的失敗不用說了，就是推銷工作所耗費的精力和體力，也不是一般人所能吃得消的，再加上失敗甚至連連失敗的打擊，可想而知，業務員是多麼需要熱情和活力。

可以說，沒有誠摯的熱情和蓬勃的朝氣，業務員將一事無成。所以，推銷不僅要鍛鍊健康的體魄，更重要的是具有誠摯熱情的性格。熱情就是推銷成功與否的首要條件，只有誠摯的熱情才能融化客戶的冷漠拒絕，使推業務員「克敵制勝」，可見，熱情的確是業務員成功的一種天賦神力。

當一群人都處在沉悶的氣氛中，只要有一位熱情的人加入，立即就能使每個人笑顏逐開，簡直有如神助一般。所以，熱情可以使你結交很多朋友，也可以使不認識的人對你微笑。熱情可使每一個人都愛自己的事業，愛自己的工作，甚至愛一起工作的夥伴們，並且使你自信。

熱情也是一種興奮劑，在每天清晨醒來，可以使你充滿了希望。熱情可以使失敗的業務員成為一個成功的業務員，悲觀的人成為樂觀的人，懶惰的人變成勤奮的人。

客戶也是有血有肉的人，也有感情和種種需要。如果你一心只想著增加銷售額，獲取銷售利潤，而沒有一絲人情在內，那就不必奢談成交了。富業務總是首先用熱情去打動客戶，喚起客戶

人們最感興趣的，是人，
其次是事，
最後才是觀念。

對他的信任和好感，這樣，交易才能順利完成。

富業務的熱情讓客戶感到是在幫助他，而不是僅僅想賺他的錢。富業務幫助客戶說出他的真正需要，成為他的熱心參謀，幫他算帳，幫他決策，時時讓他體會到熱情，進而感到可以相信這個業務員，便與之簽約成交。這樣富業務的銷售額怎能不成倍上升呢？

熱情是一種意識狀態，是重要的力量，熱情與業務員的關係宛如蒸汽與火車頭。熱情可使業務員精力充沛、超常工作。熱情由刺激而來。這種刺激包括：擁有自己喜歡的工作；在個人所處環境中，可以接觸到其他熱情和樂觀的人士；經濟上所取得的成績；與個人職業需要相配的稱心如意的服裝。

與一般看法相反，教會業務員如何熱情是能夠辦得到的，富業務就是既具有經驗，又具備熱情的那類出類拔萃的人。這種熱情發自內心，而不是發自口舌。所以，取得並保持熱情的方法首先是自己要有信心。一旦一個人建立了信心，就會對自己的產品產生一種狂熱的信仰，如果有誰不相信這一點，就會吃苦頭。

再說一遍，只有自己信服了，才能讓別人信服。

富業務提示：

優秀的業務員必須要有熱情，熱情來自於你對產品和職業的熱愛，同時，熱情也是感染顧客的最好的武器。

窮業務往往態度傲慢

你可以發現一個有趣的現象，就是往往越是不成功的人，他的態度越是傲慢。這可能和他的心理素質有關，因為他覺得，他的傲慢能夠引起別人的重視，這是自卑心理的影響。

有的業務員就是時常流露出傲慢的姿態，這樣很容易引起顧客的反感。比如，當整個產品示範結束時，窮業務發現到客戶買不起他的產品。窮業務就認為顧客是在浪費他的時間，因此他就說出這樣的一句話：「某某先生，原來你是買不起這種產品的人。」你這樣做無非是在羞辱你的客戶。這也會使你的客戶不禁懷疑，如果你早知道做不成這筆生意，你是不是就不會對我這麼熱心。這簡直就是在自斷生路。因為這個業務員不會知道，這個顧客哪一天手上寬鬆時或許仍會聯繫這個業務員採取購買行動呢？

當你讓你的客戶沒面子的時候，你也不會因此而得到任何的好處。推銷的最終目的是盈利，所以，重要的是業務員與客戶的溝通和交流。在任何生意要成交之前，一般都會經過意見分歧這個階段。有些窮業務也許會發生下列這樣的情況：在生意成交之後，他竟說出了這樣一句發洩的話：「看見沒有！我告訴過你的，你終究必須買我的產品，不是嗎？」

實例

有一位業務員是某公司總經理的朋友，這位總經理工作忙碌，便請這位業務員去和他公司的採購部經理談生意。這位總經理承諾他一定會買他的產品，但是最好能遵照公司的程序來做，先拜訪公司的採購部經理。

於是那位業務員信心十足地走進了採購部經理的辦公室。正如所有的採購部經理一樣，他問了許多問題並又對一些事情有所質疑。在某一次的質疑中，那位業務員感到非常厭煩。於是，他整個人變了個臉，毫不客氣地質問起那位採購部經理，對他說：「請你聽好，我已經見過你們的總經理了，他想要這種產品，你為什麼不同意？為什麼不直接下訂單呢？」

採購部經理氣憤地說：「業務員先生，請你不要告訴我該做什麼事。我好歹還是這個部門的經理呢！我們公司是由眾人決策的，因此我必須做好我份內的工作。如果你能體諒這一點，請照著規定公事公辦吧！」那個業務員度過了難受的一天，臨走時他答應那位採購部經理隔天就送一份打好的訂單給他。

一星期之後，採購部經理打電話給那位業務員，請他把訂單送到公司去。那位業務員欣然前往，但當他一到辦公室見到那位採購部經理時，竟然又給了那位經理當頭一棒。他說：「你看吧？

人們最感興趣的，是人，
其次是事，
最後才是觀念。

我告訴過你的。」那位業務員的一字一句中透出了傲慢與輕蔑。

很明顯，那位窮業務對於這樁買賣感到洋洋得意、沾沾自喜。但是，就在產品送到該公司的幾天之後，他收到了他那位總經理朋友的一封信。那位總經理朋友在信中表達了對那位業務員處理這樁生意的態度極為不滿，而又拒絕今後再與那位業務員做生意。

這個故事是在告訴窮業務，即使一筆生意從開始你就勝券在握，也要與客戶在和和氣氣的氣氛下按部就班地談生意，否則你將因小失大。

富業務提示：

即使你和客戶在商談之間有意見分歧，你也仍要表現出友善的態度，因為這會使你免去許多不必要的麻煩。學習如何去衡量事物的輕重和各種情況，是銷售人員的一堂必修課。

人們最感興趣的，是人，
其次是事，
最後才是觀念。

窮業務過於急功近利

每一個業務員都希望自己很快的提高銷售業績，往往急功近利，在推銷中會犯心浮氣躁的毛病，結果是欲速則不達。

業務員已經完成了他的解說、產品示範及處理客戶的各種疑問，現在就等待客戶下訂單了。缺乏經驗的業務員常會天馬行空不按常理出牌。他們往往太過於在意自己在這一筆生意中所能得到的傭金，以至於有時他們會在示範產品或處理顧客的種種疑問前，就急於想做成這筆生意。

業務員所做的每一件事應該都有規則可循。不論是開車還是使用電腦，你都要遵守某些特定的步驟才行。當你發動車子時，你把擋位放在四擋而不是放在空擋上，請問會發生什麼事？你的車子一定會熄火。同樣的，如果你不透過電腦螢幕、鍵盤或滑鼠等而想把資料輸入資料庫時，那將會是一項非常繁瑣的工作。因此，當我們在推銷產品的時候一定要遵循某些規則，因為如果你心浮氣躁不按常理出牌的話，客戶是很難明白其中的道理的，只會把事情辦砸。

比如業務員走進一間辦公室與客戶見面時，先自我介紹之後，將一份產品介紹的小冊子交給客戶。當然那本小冊子列舉了產品的所有資訊。不管客戶是走馬觀花，還是仔細閱讀產品介紹的內容，業務員最好給客戶重點介紹一遍。可是有許多窮業務心浮氣躁，結果丟了訂單。

實例

一位壽險業務員向某公司總經理推銷壽險時，先解說了他們公司所承接的各種險種。同時，他在談話的過程中收集了這位客戶的一些資料。之後，這位業務員拿了一本含有更多有關資料的小冊子給那位客戶。當總經理在讀那本小冊子時，他利用這個時間觀察了同一個辦公室裏的其他員工。這之間，他偶爾問辦公室大小及公司員工總數等問題，他的問題甚至還觸及了公司每個月的平均工作完成量。

每當這位業務員問一個問題時，那位客戶就得停下來回答他的問題。因此，他也一直找不到之前自己究竟讀到哪裡了？在他整理思路以便接下去讀那本小冊子的時候，他又被另一個問題給打斷了思路。

這位客戶根本無法專心去讀那本小冊子。最後，他終於受不了這種方式而將小份子放在了桌上。而且，他也不願意再回答任何問題了。接著他對那位業務員說：「你為什麼不寫一份企業計畫書給我看呢？」言語之間，我們可以感受到這位總經理已經迫不及待地想送客了。

可以想見，這位業務員在他再一次造訪那個客戶時，完成那筆生意就比較困難了。千萬記住：當你的客戶在讀你們公司的小冊子或產品介紹手冊時，不要去打斷他，使他思緒中斷。等他讀完

**人們最感興趣的，是人，
其次是事，
最後才是觀念。**

之後，一定會有時間讓你整理自己的想法及回答一些問題的。

富業務提示：

做業務要遵循規則，心浮氣躁是做業務的大忌，只有按照一定的程序，才能一步步的達成交易。

富業務從不向拒絕低頭

一個人的心理是會對他的行為產生微妙的作用的，當你有負面的心態時，你所表現出來的行為多半也是負面與消極的。因此，你無法得到預期的結果。如果你真的想將推銷工作當作你的事業，首先你必須先擁有正面的心態。因此，不要再用「我辦不到」這句話來作為你的藉口，而要開始付諸行動，告訴自己「我辦得到」。

堅持就是勝利，成功的富業務是不會懷疑這句話的。因為業務員與客戶談判是一個馬拉松式的循序漸進的過程，由不得個人主觀的放棄，否則前面的工作將前功盡棄，沒有半點意義。

從事推銷工作的人，可以說是與顧客的拒絕打交道的人。戰勝拒絕的人，便是成功的業務員。業務員從舉手敲門，與顧客的應答，直至成交，每一關都是荊棘叢生，沒有平坦的大道可走。推銷員應瞭解推銷工作的這些特點，樹立工作神聖觀念，面對困難，坦然相迎。

應當記住，逃避不能有第一次，第一次便是第二次、第三次的開始。好似嬰兒一次被抱，就會期待著另一次被抱的安慰。

一名心理學家曾說：「猶豫不決、躊躇不前的心理是對自己的叛逆。如果害怕嘗試，那麼此

人們最感興趣的，是人，
其次是事，
最後才是觀念。

人絕對無法掌握住一生的幸福。」所以與其說是一次次地逃避困難，不如說是一次次地趕走了成功。

為此，業務員必須切斷自己的退路、背水一戰，也就是要求業務員在精神上戰勝「自我」，排除心理障礙，逼迫自己去迎接顧客的拒絕，接受挑戰。

在工作中，富業務無不以「勤」為「徑」。**美國推銷員協會曾經做過一次調查研究，結果發現：八〇%銷售成功的個案，是業務員在連續五次以上的拜訪所達成的。這一點證明了業務員的勤勉拜訪是推銷成功的先決條件。**

資料又顯示了下列的結果：

四八%的業務員經常在第一次拜訪之後，便放棄了繼續推銷的意志。

二五%的業務員，拜訪了二次之後，也打退堂鼓了。

一二%的業務員，拜訪了三次之後，也退卻了。

五%的業務員，在拜訪過四次之後放棄了。

僅有一%的業務員鍥而不捨，一而再、再而三地繼續登門拜訪，結果他們的業績占了全部銷售的八〇%。

好運眷顧那些努力不懈的人。

富業務提示：

每一個人都會遇到困難，千萬不要逃避，要有面對困難的勇氣，要知道，每一次向困難的挑戰，都是向著富業務的方向邁進了一大步。

人們最感興趣的，是人，
其次是事，
最後才是觀念。

窮業務面對顧客容易緊張

很多人站在陌生人面前，都會驚慌失措，這個心理障礙來自於他的業務素質和心理素質。緊張是業務員經常面臨的困難之一，而窮業務往往難以克服這個心理的障礙。

很多人在談話的過程中最容易有緊張的情緒，感到緊張的原因雖然各異，但通常有以下幾個原因：準備不足；對自己完全不自信；在某一件事情上對自己不自信；害怕失敗；害怕不能勝任；害怕尷尬；怕別人對自己評價不好。

再有能力的人在參加具有競賽性質的活動之前都會緊張。給別人做一個成功的商業促銷，從性質上講也是一種競賽行為，所以產生緊張情緒是非常自然的。不過，你可以透過一定的方法來減少你的緊張程度，其實也很簡單，就是你要做充分的準備，你的準備越充分，你的緊張程度就越輕。

記住，緊張的產生是因為你感到了壓力。你感到壓力，是因為你學到了新的東西。如果你沒感到緊張，很安逸，你就不可能挑戰自己的極限，也就不會有所進步。所以適當的緊張是有好處的。

富業務提示：

以下是幫助你控制緊張情緒的幾點「要」和「不要」：

要：要慢慢來，不要慌裏慌張；要集中精力；要讓自己的手勢富有變化；要控制自己的聲調；要做一些有益的身體動作；要有幽默感，適當的時候開開自己的玩笑；要發音清楚，講明白每一個字。

不要：不要坦言自己很緊張；不要抱歉；不要慌張；不要前後踱步；不要雙臂交叉；不要玩弄筆和紙；不要急著講完。

人們最感興趣的，是人，
其次是事，
最後才是觀念。

窮業務大多缺乏耐心

窮業務在推銷過程中，性子太急，慌慌張張，這些過激的反應完全是缺乏耐性。

「某某先生，我們的特價只持續到明天為止，明天之後恐怕無法再有這麼好的價錢了，您最好現在就下訂單……」

對這位推銷員這些毫不顧忌他人想法的推銷，客戶通常會這樣回答：「既然如此，等下次特價的時候再說。沒關係的，我一點都不急於要這個東西。」

現在你看到缺乏耐性的結果了吧！這個窮業務實在太心急了，以至於他想用特價來誘導客戶購買他的產品，豈知這種高壓式的推銷技巧卻適得其反。有時候，使用這樣的技巧也許可以奏效，但是大部分時候只能得到相反效果。

在洽談過程中，有時會出現這樣的情況：不管業務員怎樣解釋，顧客要麼沉默，一言不發，要麼詆說商品不好，一口回絕。怎樣對待顧客拒絕購買的態度？這是對業務員能否取得成功的嚴峻考驗。一位老資格的富業務曾這樣說：「只有在業務員遇到障礙後，他的推銷工作才算真正開始。如果顧客沒有拒絕，推銷員這一職位就不偉大了。」因此，業務員一定要正確對待顧客拒絕購買的態度，並要細緻地做好耐心說服的工作，為順利推銷鋪平道路。

富業務提示：

在生活中缺乏耐性的人通常失敗。在推銷這一行，如果是個沒有耐性的推銷員，也同樣註定是個失敗者。

人們最感興趣的，是人，
其次是事，
最後才是觀念。

富業務正確對待抱怨

當客戶對所購買的產品不滿意時，往往會產生抱怨。而對待客戶的抱怨，是推銷工作中一項重要的內容。

抱怨對推銷的危害性很大，它使客戶在認識上和感情上與推銷一方產生對抗。一個客戶的抱怨能夠影響到一大片客戶，抱怨直接妨害推銷產品與推銷企業的形象，威脅業務員的個人聲譽，也阻礙銷售工作的深入與消費市場的拓展。

富業務都懂得，對待顧客的抱怨千萬不能掉以輕心。而窮業務卻把客戶的抱怨視為小題大作，無理取鬧，只是因為他把自己當成了旁觀者。例如交貨期限比計畫遲了一天時間，窮業務會認為，這只是區區小事一樁，但對客戶來說可能是件大事，遲到的交貨會把一個周密安排的計畫打亂。窮業務有時不瞭解情況，甚至當著客戶的面說：「有什麼可大驚小怪的？」「不就是一件小事嗎？」「問題不會如此嚴重吧？」只會使客戶火上加油，甚至當場與他爭執起來，導致雙方反目。

大量實踐證明，只有設身處地站在客戶的立場上看待客戶的抱怨，才能更好地理解並妥善處理客戶的抱怨。

從業務員的角度來講，當客戶心中有了疙瘩，促使他講出來比讓它悶在心中更好。因為悶在心中的意見總會不時浮現，反覆刺激他，久而久之使他對你不再信任。客戶有了意見悶在心中，推銷一方無從得知，繼續以這種方式進行推銷，只會使更多的客戶不滿，進而對銷售工作造成更大的損失。

歡迎客戶的抱怨是業務員在推銷工作中應有的基本態度。在日本被譽為「經營之神」的松下幸之助先生認為，對於客戶的抱怨不但不能厭煩，反而要當成一個好機會。他告誡員工：「客戶肯上門來投訴，其實對企業而言實在是一次難得的糾正自身失誤的好機會。有許多客戶每逢買了瑕疵品或碰到不良服務時，怕麻煩或不好意思而不來投訴。但壞印象、壞名聲永遠留在他們的心中。」

因此，對待有抱怨的客戶一定要耐心聽取他的意見，並儘量使他滿意而歸。即使對待愛挑剔的客戶，也應委婉忍讓，至少在心理上給他一種如願以償的感覺，如有可能，應儘量在少受損失的前提下滿足他的一些要求；**假若能使雞蛋裏面挑骨頭的客戶也滿意而歸，那一定會使你受益，因為他們很可能給你做義務宣傳員和義務推銷員。**

為了正確對待客戶的抱怨，業務員需要明白以下道理：

■ 客戶在發怒時，他的感情總是容易激動的，而且對業務員流露出來的不信任或輕率態度特別敏感。這時你不能向他講道理，重要的是使自己保持冷靜，平息對方怒氣。

人們最感興趣的，是人，
其次是事，
最後才是觀念。

■ 客戶並不總是正確的，但你應讓客戶感到自己正確，否則只會進一步刺激他的情緒。客戶往往主觀上認為自己是正確的，所以他們並不是無理取鬧，存心欺詐業務人員。

■ 在一定場合，客戶的抱怨是難以避免的，因而業務員應把它看做是正常工作的一部分。

■ 在處理客戶的抱怨時，不管對方的抱怨是否有理，業務員都應保持誠懇熱情的態度。

■ 對客戶提出的抱怨採取寬宏大量的態度，這樣有助於繼續得到客戶的訂單。

■ 如果你拒絕接受賠償要求，應婉轉充分地說明己方的理由；讓客戶接受你的意見就像你向客戶推銷產品一樣，需要耐心細緻而不能簡單行事。

■ 客戶不僅會因為產品的品質與規格品種問題提出抱怨，還會因為產品不適合他的需要而提出抱怨，業務員不要總是在商品原有品質上打轉，要多注意客戶需求的滿足與否。

■ 有些時候，你對客戶的索賠只進行部分賠償，客戶就感到滿意了。在決定補償客戶的損失以前，最好先瞭解一下索賠的金額，往往賠償金額通常要比預料的少得多。

■ 處理客戶提出的合理抱怨，不必遵循任何規定，接到投訴後應儘早著手處理，並承擔由己方責任帶來的一切損失。

■ 要經常深入客戶，與之進行面對面的接觸。處理客戶的抱怨，重要的不是形式，而是實際行動與效果。

■ 認真對待客戶提出的各類抱怨，並對這些抱怨進行事實調查，抓緊把調查結果公之於眾，千萬不能拖延耽擱。

■ 客戶有意見，就讓他當面傾訴出來，同時善於發現客戶一時還沒有表示出來和不便提出的意見。

■ 不要向客戶提出一些不能實現的保證，以免在今後的推銷中產生糾紛。

■ 對待客戶的抱怨也要以預防為主，以矯正為輔，力求防患於未然。

應當記住一條重要的原則：**你是在做生意而不是在打勝仗或吃敗仗。有些業務員忍不住會和客戶發生爭執，甚至弄得面紅耳赤。不管是誰占了上風，生意都會不可避免地失敗。記住，千萬不要與你的客戶爭執，因為那樣做會使你們發生對抗。**

人們提出的有些異議根本不值得討論。例如，有時客戶可能說：「我只想隨便看看，我不準備買。」富業務不會在意他這句話，不會去貿然頂嘴，反倒說：「沒關係。」然後仍然給他做介紹。等做完介紹後，他可能會對商品產生了興趣，即使沒有也沒關係。因為他可能是一位潛在的顧客，富業務決不會去冒犯他。相反的，有的窮業務則忍不住沒好氣地說：「不買你問那麼多幹嗎？」他覺得人家在耽誤他的時間和精力，心中感到不滿。

這樣的話常常會激怒客戶，使他們陷入窘境，迫使他們採取行動保護自己。在下面的推銷過程中，客戶為了顧全面子，絕不會輕易改變主意，因為這時候，買與不買已經牽扯到客戶的榮譽。如果他讓步，他會認為那是一種軟弱的表現。

人們最感興趣的，是人，
其次是事，
最後才是觀念。

一句不恰當的、倉促而不加思索的話，就能夠給你惹來麻煩，使你陷入無可挽回的困境。

實例一

美國一家人壽保險公司的業務員曾有這樣一個經歷。當時他正穿過一片麥地，去拜訪他的客戶——一位正在開拖拉機的農夫。

農夫為了聽清年輕人說的話，只好關掉了引擎，但他因為工作受到打擾而怒氣沖沖。農民生氣地對經紀人說：「要是下次再碰到這樣可惡的經紀人的話，我發誓我會毫不客氣把他扔出老遠。」

年輕人直視著農夫的眼睛，毫不遲疑地回答說：「先生，在您準備這樣做之前，您最好能申請到您能得到的所有保險賠償費。」

農夫先是一陣沉默，隨即臉上出露了笑意。「年輕人，他說，走，上我家去，我想聽聽你在做什麼推銷。」

當他們進屋的時候，農夫將手放在年輕人的肩上，對他妻子說：「咳，親愛的，這位小伙子說他能贏我。」說完，他哈哈大笑起來。年輕的經紀人對我說，這是他做過的最容易的推銷。從中可以看出這位年輕人具有出色業務員應有的素質。

實例二

美國推銷大師吉拉德曾經歷過這樣一件事。一位粗魯的顧客對他說：「如果你想強迫我購買這輛車的話，我會把你從展廳的大玻璃窗扔出去。」

吉拉德回答說：「非常高興認識您，先生。您知道我想說的只有一句話：這僅僅是我們友誼的開端。」是的，這的確是一個開端，在後來的幾年中吉拉德一共賣了九輛車給他。他是怎樣處理那些潛在客戶的惱怒的呢？他憑藉他的智慧與魅力，而不是與客戶打架，贏得了客戶的信任與合作。

富業務提示：

對客戶的抱怨抵觸或是迴避，是最不可取的。事物都有兩面性，正確的對待抱怨，不但可以贏得信譽，還可以發展潛在的客戶。記住：客戶的任何小事情，對你來說都是大事情。

富業務保持心態有定律

富業務作為銷售界的精英，他們深知：要想成為一個拔尖的銷售高手，一定要養成良好的心態思維習慣，並使之形成以下幾個「定律」：

定律一：堅信定律

你時時都要非常充分地肯定自己，對你所做的每件事情，只要是對的，就要堅持去做。要相信自己，這就是堅信定律。要每天進行自我對話，跟自己說：「我喜歡自己，我是一個負責任的人，每天都會有很棒的事情發生在我的身上」

定律二：期望定律

我們做任何事情時，永遠都需要靈活的想像和積極的期望，我們想像著能和客戶談得很好，也期望客戶會購買我的產品或服務，並且還會給我介紹更多的客戶。這個期望是我們對未來的心裏話，只有想得到，才能做得到。連想都不敢想的人，即使有了業績也是「瞎貓碰上死耗子」。

定律三：情緒定律

一個銷售人員每天都要面對不同的人，要與不同的客戶打交道，這就需要控制自己的情緒。別人讚美你時，你會很高興，別人批評你甚至說一些風涼話時，你會很難過，這種起伏不定的情緒必然影響你的業績。所以你不要受別人或是外在事物的影響，應學會控制自己的情緒，「泰山崩於前而色不變，麋鹿興於左而目不瞬」，這就叫情緒定律。

定律四：吸引定律

只要我們友善地對待別人，相信別人也會友善地對待我們。如果你跟你的朋友面帶微笑說話，我相信他也會用同樣的方式來對待你，這就是一種吸引。如果你的表情非常難看，甚至動作非常不雅，別人怎麼會被你吸引呢？文雅又平易近人的言行舉止才具有吸引人的魅力。

定律五：間接效用定律

「貨比三家」是客戶通常的習慣，事實上客戶要比的不僅僅是「三家」的「貨」，還包括各自服務的品質和印象。如果有一天你衣衫不整或舉止不雅，這時恰好有另外一家公司的銷售人員來跟這位客戶洽談業務，你的客戶就會立刻聯想到你的形象，即便你的產品和服務更好，他也許看都不看，這就是間接效用定律。

人們最感興趣的，是人，
其次是事，
最後才是觀念。

定律六：相關定律

你做的每件事情都可能產生影響力。該做的都做好了，你很誠懇，尊重你的客戶，站在客戶的角度看問題，那你的客戶就會認為你服務得很好，甚至他即使沒有和你做生意，也會熱心地介紹他的朋友或是周邊的人跟你做生意。這就叫做相關定律。

富業務提示：

心態決定業務的成敗。

第二章：時間法則

富業務巧用時間效率高，

窮業務妄用時間成分高。

窮人脫胎換骨發展委員會

富人俱樂部招考辦公室

人們最感興趣的，是人，
其次是事，
最後才是觀念。

窮業務都是大忙人

時間就是金錢，似乎每個業務員都知道這個道理，但是如何利用有效的時間，就拉開了窮業務和富業務的距離。業務員是與時間賽跑的人，是否能有效利用一天的活動時間，是提高業績的關鍵。

你可以留意你身邊的業務員，他們都很忙，整天腳步不停，嘴巴不停，完全沒有時間概念，看上去像是具有十足的敬業精神，但仔細觀察，你會發現，他們的忙忙碌碌，事實上效率是極其低下的。

窮業務人都喜歡參加俱樂部一類的小集團，或是在公司中結交三五個所謂的知己，參與同行間有關推銷業務的閒聊，這樣是最浪費時間的，我們來看看一個窮業務的一天是怎麼度過的：早上業務員全部集中時，有的人提起昨晚如何渡過、或吃早點時太太們囉嗦的瑣事。到了午餐時間，又有人提議：「到哪家餐廳吃飯呢？」大家又開始熱烈討論，然後以投票方式決定，吃完午飯後，大家再平均分攤飯錢。這些都在不知不覺中浪費了時間。等他們回到工作崗位後，已近黃昏，當日談業務的機會已不多了。

其實，並不是他們開始就是這樣，剛剛來到公司時，一個人都不認識，自己孤孤單單地工作，學習商品的知識；有顧客和老闆談話時，自己就旁聽，想學學訣竅。不久，當熟悉了環境，便也和其他業務員一樣浪費時間閒聊，剛進入這個工作時用心學習的態度已找不到了。當變成這樣的時候，就很難成為一個優秀的業務員了。

相反的，富業務很少和同事們一起到外面吃午飯。他和別人一起到外面用午餐，大多是因業務上的需要。富業務在工作期間，不管旁門雜務，只專心於推銷工作。

每個人的工作時間是等量的，為什麼有的人業績出眾，而有的人成績平平呢？浪費時間是一個方面，更重要的差別是——是否有效的利用時間。

業務員有大量的時間是在去客戶的路上，這段時間被稱做移動時間，包括你上下班的時間、拜訪客戶的時間和等待客戶的時間，至少占了一日有效時間的三分之一，如何利用這大部分的時間來為你的業務工作呢？這是富業務的一個訣竅。他們都懂得節省移動時間的必要性。而窮業務卻往往注意不到，他們把這些時間用來胡思亂想，或是和他人聊天，移動時間常常影響了他們的效率。

窮業務往往在訪問完一位客戶，才開始想下一個要拜訪的是哪一個。而富業務懂得「在移動過程中，決定好下一位訪問對象」。富業務騎自行車時，可以從市鎮的街道中，選定候補的訪問對象。如果他乘公車、計程車，就會順便巡視整個負責區域。什麼地方有什麼公司，哪一間商店

人們最感興趣的，是人，
其次是事，
最後才是觀念。

坐落在哪一塊區域，都可趁此瞭解記住。

有些工作在記憶鮮明時去做效果最好，所以他們往往隨身攜帶筆記本，在訪問結束後就做。而窮業務卻往往回到公司再做，這時可能會有掛一漏萬的情況。為了一個問題，有的時候要苦思冥想，最後還不能找到答案，這些寶貴的時間，在窮業務的眼裏，就是勤奮工作的象徵，其實他們不知道，要用半個小時完成的事情，他們往往要用兩個小時，所以他們看起來比別人更忙碌，但實際的工作量卻少的可憐，這樣怎麼能提高業績呢？

有一句話說的很好，叫「小心計畫能儲備時間」，為你的工作計畫，然後為你的計畫工作，這才是有效率的業務員的工作方式。做好計畫和最大限度地利用時間才能確保你的工作有效果，諸如探尋、打電話、案頭工作、準備銷售推介、做記錄、後續工作等。

在工作中，逐步的累積客戶的資訊，也是節省時間、提高效率的有效手段，富業務懂得對客戶和準客戶的拜訪和面談有針對性。他們為每一位客戶和準客戶製作卡片或電腦生成的索引，這些東西會提示他關鍵的資訊，進而提高成交銷售的機會。根據它，富業務可以為每日拜訪準備一份約見行程表，也可以提醒自己本周或本月所有必須做的特別的事情。他可以檢查一下，看看哪些老客戶應該拜訪了，並且做好計畫拜訪那些他認為現在有很好理由前去拜訪的準客戶。

富業務在設計路線時也注意節省時間。他們熟悉銷售區域的地理情況，仔細安排路線，儘量做到每次拜訪走的都是兩點之間最短的距離，避免不必要的折返和區域內交差。這樣自然大大節約了他們的時間和精力以及旅途中的成本。

富業務提示：

腳步可以停下，思考不要停滯，一定要善於利用瑣碎時間。每個人都有很多瑣碎時間，比如工作的時候出現的空檔：等車、塞車、等電梯、搭飛機、甚至上廁所等，這些都可以用來思考工作上的問題。

人們最感興趣的，是人，
其次是事，
最後才是觀念。

富業務與「拖延」絕緣

業務員的工作與其他工作不同：其一，沒有上班和下班；其二，沒有工作上限，成功沒有盡頭，推銷多多益善。然而，時間是公平的，一天二十四小時，一年三百六十五天，但富業務成績卓著，窮業務卻業績平平，原因為何呢？兩者區別就在於是否有強烈的時間觀念。

今天能做的事不擱至明天，儘管所有想成功的人都深知這一點很重要，但卻只有富業務們將此付諸實行。

實例

日產汽車公司的業務員中，有個叫奧城良注的，十六年來他一直保持推銷冠軍的頭銜。他曾宣佈，一天要跑一百個客戶。

一百個客戶該從何處找，是個相當棘手的問題，那麼他是如何著手的呢？

若是白天去拜訪住宅區，大都只有女主人在家，即使向她們推銷汽車，成效也不大。因此，他先拜訪白天正常作息的公司。

但是，儘管他白天使盡渾身解數辛勤地開拓市場，在下午六點鐘過後，所有的公司都已下班。假設這時他已拜訪了八十位客戶，仍然還有二十位客戶尚未找著。

接下來，他算準男人回家的時間，去住宅區拜訪。但晚上八、九點以後，顧客就不歡迎業務員去打擾了，奧城先生就到商店街繼續尋找客戶。即使是這樣馬不停蹄，到了晚上十一點時，也可能還有十個客戶沒任何著落。此時，他就去咖啡廳、餐廳或其他深夜還在營業的場所。

即便如此，到了凌晨一點，還差五位客戶。他告誡自己：若是就此回去，明天勢必要拜訪一百零五位客戶，這樣下去，將會越積越多，無論如何，今天必須再拜訪五個客戶。這五個客戶怎麼找呢？他居然跑到警察局，以員警為對象推銷汽車！

奧城先生的這種做法在常人看來，簡直是不可思議，但他依然秉承著這種執著，每天固定拜訪一百個客戶。雖然並不提倡你照搬他的做法，但他的「今天的事不拖至明天」的精神是很值得提倡的。

富業務有很強的時間觀念，會秉承「一寸光陰一寸金，寸金難買寸光陰」的信條，努力工作，爭取各種機會進行錐銷，每天有定額，不完成任務不收兵。

有句諺語：「業精於勤，荒於嬉。」窮業務缺乏自我約束，每天打兩把撲克，下盤圍棋，日積月累，後來才發現差距就大得自己都不敢信了。所以，一定要有時間的觀念，自己的事自己做，今日的事今日畢，好運一定會眷顧努力不懈的人。

人們最感興趣的，是人，
其次是事，
最後才是觀念。

時間觀念也是衡量人的志氣的標準。一個胸懷大志的人，一定會具備「時間觀念」，他絕不可能對任何被動的事物滿意。只有天生作人下手的材料，才會等在那裏由別人分派任務給他，完不成也不著急，還振振有詞，找出各種理由為自己搪塞遮掩。

因此，須牢記一點：不注意時間觀念的人是不能成為富業務的。

富業務提示：

一定要有很強的時間觀念，努力工作，爭取各種機會進行推銷，每天有定額，不完成任務不收兵。因為你一天鬆懈了，就會有第二天、第三天，最後則會一發不可收拾了。

富業務仔細選擇訪問時間

業務員拜訪客戶的成敗，在於彼此有無充分的溝通。要做到充分的溝通，選擇適當的時間是十分必要的。而窮業務卻不懂這個道理，只知以自我為中心，只顧自己方便、率性而為，置客戶的利益於不顧。而富業務與之迥然不同，總是先考慮客戶的作息、起居規律，根據他們的職業、起居作息等特點，做出適當的安排。最佳的拜訪時間，應當在客戶最有空閒的時間，在這段時間裏，在這種氣氛下，拜訪客戶，彼此才能做充分的交流、溝通，達到預期的目的。

每一位受訪的客戶，因職業的差異，生活起居也會有所差異。例如：

一般的商店：大約在上午七點至八點的時間，是最理想的訪問時間，因為一般商店的生意一大早最清淡。

較晚打烊的商店：此種大約在深夜才打烊的商店，一般在中午以後才開始營業，所以恰當的訪問時間是在下午二點左右。

魚販與菜販：這是一個較特殊的行業，大清早去採購，非但整個上午忙碌不堪，就是下午四點至六點也是生意興隆，所以最適宜的訪問應在下午二點左右。

人們最感興趣的，是人，
其次是事，
最後才是觀念。

醫師：醫師也是特殊行業，大概從上午九點開始病人就川流不息，因此上午七點至八點應該是適宜的訪問時間。

教職人員、公司職員：如果到公司去訪問，應該在上午十一點以前；若是去住宅的話，適宜在晚上六點至八點之間進行。

金融業、值班人員：大概在晚上七點至九點之間。

業務員選在這樣特定的時間裏拜訪客戶，從另一面也是尊重客戶，俗話說：「與人方便，自己方便。」推銷工作也遵循著這個道理。

富業務爭取第一次與客戶接觸時，給客戶留下好印象，與客戶建立了關係。第二次訪問，就更改訪問的時間，原則上選在下午三點鐘左右，客戶較清閒的時刻。選擇下午三點做第二次訪問，除了因為此時客戶較清閒之外，還有一項重要理由：通常情況下，一個人工作了一天，到了下午三點鐘左右，工作大約告了一個段落，覺得有點困倦，希望找一個談心的對象，此時業務員正好打電話過來了。

以快速的節奏談話，不是談業務，而找些有趣的話題，像連珠炮似地連放個五六分鐘。當把客戶逗笑，或是多少驅走他的倦意時，就留下那些有頭無尾的話題，藉故溜走。因為全部談話時間只有五六分鐘，所以不會干擾到客戶的工作。再說，客戶因疲倦而有些困意時，湊巧來了一個有趣的傢伙，正好把睏意驅走。

這麼一來，客戶非但對業務員印象深刻，而且會覺得業務員真有意思——居然不談推銷，只說了幾句笑話就走，真是傻得可愛。從此以後，準客戶就會安心地期待你再訪。

有一些日子是不適合訪問的。如果客戶是星期日休息，請不要在星期一前往訪問，此外，任何休假日的第二天都不適合訪問，因休息日的第二天公司會議比較多，他比平日忙，所以挑選這樣的日子去訪問是很不明智的，特別是上午則更忌諱了。如果那一天非去不可，則必須事先用電話預約，而且盡可能地安排在下午。

有一些時間也是不適合訪問的。應避免在早上剛上班時就登門拜訪。因早上往往在彙報或會議中，準備工作也比較忙，最好在上班一個小時之後再去比較好。

吃午飯或快到吃午飯的時間也絕對不要去，特別是初次訪問，如果因不可抗拒的原因在中飯前三十分鐘到達對方公司時，那就應自己想辦法在外面吃了午飯，不然，人家會認為「這傢伙一定想撈一頓午餐」。

在這種情況下，應等到下午上班時間再登門拜訪。不過若與對方關係特別密切或者準備邀對方到外面吃飯則例外。

快要下班時也不要去訪問，因為這時對方會老惦記著時間，即使你去了效果也不一定好。如果到了下班時間還在那裏死纏著不走，對方一定會很反感，雖然有的人事業心很強，但是，絕大多數人很討厭你。因為你打亂了對方晚上的時間安排，對方嘴裏雖不說但心裏必定在嘀咕：「你

人們最感興趣的，是人，
其次是事，
最後才是觀念。

真不知好歹。」

推銷人員雖說要有堅韌不拔的精神，但也不能不知好歹或死皮賴臉。另外傍晚快下班時，是收拾並整理一天工作的時間，說不定對方晚上還有約會。如果你這個時間找他談生意，對方只能草草了事地應付你一番，說不定本來可以做成的生意反而給搞砸了。

總而言之，除非已邀請對方吃晚飯，否則千萬不要在下班前訪問客戶。

推銷意味著時間就是金錢，業務員必須認真安排自己的訪問時間，以免因擇時不當而浪費時間。

另外，在每一次的訪問活動中，根據客戶的空閒時間，業務員做出彈性的安排。

業務員拜訪客戶要特別注意時間的安排，如果沒有一個合理的拜訪客戶計畫，今天東一個，明天西一個，不僅浪費了自己的時間，而且還可能達不到預期的效果。

富業務提示：

拜訪客戶前務必慎選訪問的時間，在最佳的時間裏拜訪客戶，才能收到比較滿意的效果。所謂成功，就是在恰當的時間做恰當的事情。

富業務珍惜顧客的時間

很多業務員都明白「時間就是金錢」，成功離不開珍惜時間。但只有富業務才充分認識到：顧客的時間也同樣寶貴。要達到自己的目的，業務員必須有尊重和理解顧客的時間觀念。

成功的專業人士和商人一般都非常忙碌。他們一般都安排「看門人」負責接待業務員，沒有提前電話預約的業務員自然要被拒之門外。大概十二人中只有一個左右才會獲准跨進大門，等待老闆會見。這些「看門人」之所以受命這樣做，是因為他們的老闆被大小會議、數不清的電話和來訪者團團圍住，忙得不可開交。如果高級主管和老闆們要見所有打來電話的人，那他們就甭想幹任何別的事情。

訪問客戶時經常會碰到對方不在的時候，在這種情況下，在傳達室跟值班人員說明有關情況，若對方確實無法傳達，則在名片的空白處寫上你所要傳達的訊息。在名片上留言對方不會挑剔，相反的，會覺得你辦事認真，並將作為下一次會面時的重要參考。

不過，儘管他們的日程排得很滿，但對那些至關重要的推銷電話，他們還是會留出時間來。充滿自信的富業務相信，他的顧客與他共度的時間一定不會白費。

人們最感興趣的，是人，
其次是事，
最後才是觀念。

但是，富業務也完全理解每個人都很珍惜他們的時間。因此，他在上門前總是設法先預約。這樣做，不僅可以充分利用自己的時間，而且給客戶留出了足夠的時間來考慮是否購買。半途而廢的推銷才是最糟糕的，比如生意談到一半，客人說：「真抱歉，我得趕回辦公室去。我需要時再和您聯繫。」

你要想當你走進客戶辦公室的時候，一切都朝著對你有利的方向發展，就得提前安排好一次會見，而且到時候要讓客戶把注意力集中到你的產品上去。

有時，某位客戶熱情地招呼你，說：「請直接到我的辦公室來，讓我看看你準備推銷什麼。但是你得抓緊時間，因為我只有二十分鐘，隨後還要參加董事會議。」

很顯然，要在二十分鐘內做完本需要六十分鐘的推銷很困難，即使做了，也是必然失敗的。這種場合下，富業務不會鼠目寸光，而是看看手錶，然後對他說：「對不起，先生，我要是早一些預約您就好了。儘管我想與您仔細談談。我做推銷都是要先預約的，所以，現在就讓我們確定一個日期，我需要一個小時向您充分展示我的產品。」

這種直接坦率的方式顯示出你就像珍惜自己的時間一樣珍惜客戶的時間，不僅如此，你還確定了與守信用的客戶之間的下一次約見，並使你自己表現得很具專業水準。當你如約而至的時候，好機會就來了——客戶的抵觸情緒已經大大減弱。

有時對方拒絕會面，拒絕的理由可能是「沒有時間」、「出差了」、「工作太忙」或「正在開會」

等等，遇到這種情況，不要死纏活纏，而應該說：「好，我改日再來。」有的推銷人員遇到這種情況會再三懇求說：「兩分鐘也行，務必要見一面。」這精神雖然可佳，但卻很不適當，最容易引起對方的反感，反而會得不償失的。

此外，有的時候雖事先已和對方約好時間了，但去了之後，對方卻不在場，或者正在和別的客人談話，尤有甚者，在你苦等了很長時間後，對方卻對你說：「改天再來吧！今天沒有時間了。」也有的時候你正在那裏等著，但眼看著比你晚來的客人一個接一個地被對方接待，而對方卻故意不理睬你。有時好不容易輪到接待你了，對方卻臨時有什麼事，而且拍拍屁股就走了。

尤其是第一次去對方那裏訪問，對方出於禮節不得不接待你，其實對方心裏很不耐煩，在這種情況下，儘管會遇到不少麻煩或受不少委屈，但是千萬不要氣餒。推銷人員歷經上述磨練後會培養出堅韌不拔和不屈不撓的精神。

客戶同意給出多長時間與你見面得看你推銷的是什麼東西。顯然，一名辦公用品業務員只需要幾分鐘去說明一下鉛筆、複印紙、訂書釘之類的東西；而一名房地產計畫顧問則可能需要好幾個小時才能介紹妥當。還有一些人則需要更多的時間，譬如要推銷一套複雜的計算機系統程式，你可能得花上整整一天去和買方公司的幾位高級主管舉行首次會談，而這次會談才僅僅是個開端，你在成交之前還必須花費更多的時間。

人們最感興趣的，是人，
其次是事，
最後才是觀念。

富業務提示：

在遇到客戶因沒有時間而拒絕的時候，一定不要死纏活纏，這樣會得不償失。初次見面，要根據自己的產品特點把握好時間，珍惜顧客的時間，就是尊重顧客，這也是繼續交往的基礎。

富業務巧用等待的時間

很多時候，等候是不可避免的，因為我們到得太早或者客戶的預約延時了。即然等候不可避免，那麼重要的就是如何對待等候時間，業務員在這個時間裏能做些什麼。窮業務們是既來之則安之，他們等十分鐘、二十分鐘、三十分鐘或更長。客戶出現時他們還要興高采烈地表現他們的低三下四，而客戶卻毫不內疚。

如果客戶由於他自己的過錯而讓我們等待，那他本來就應該感到內疚的。業務員要有勇氣，富業務們在超過預約時間十分鐘後會禮貌地向秘書提出：「小姐，請您告訴我，如果等候時間再長的話，您覺得會怎麼樣呢？」

富業務要聽她的回答。她可能會說，這只是很短的談話，她的頭兒正在接電話，或者她會提醒她的頭兒準時赴約，這樣她就和我們是一條戰線了。

富業務很忌諱這樣的語言：「他怎麼這樣呢！」我們不可以因我們失去耐心而表現出自負。這個資訊到了秘書那裏，她將直截了當地把你的情緒轉達過去。

如果我們必須等待的話，我們應該怎麼做呢？有些人就按照這個詞的原意去等，在等的時間

**人們最感興趣的，是人，
其次是事，
最後才是觀念。**

裏他們什麼也不做，什麼也不想。

慢慢地，他內心的挫折感就出現了，他對自己說：他根本就是個不重要的人；他早該知道，他來錯地方了。他精神上的委靡影響到他的論斷，他不能振作起來了，這段等待時間對他來說是浪費時間，是貽害無窮的。

所以，業務員都要向富業務那樣認清並利用好等待的時間，具體的方法便是：

一、銅色的等待

這時你要利用時間，將電腦中儲存的客戶資訊再熟悉一遍，並考慮一下，你想說些什麼，構思一下想要提出的問題。這樣做會使談話有個良好的開端。

二、銀色的等待

準備客戶資料、論據和問題以及你的目標，這些當然在拜訪前都做好了。

等待使你有時間在客戶那裏「適應那裏的氣氛」。讀讀他們的產品樣本，看看陳列櫃裏他們的產品，使自已熟悉這個企業的氣氛。這可以鬆弛你的神經，使你有所知，給你的談話注入內在的動力。

三、金色的等待

請給你的等待時間加冕吧！利用這個機會，在這裏認識一下為那位應該愧疚的先生工作的人們。透過簡短的談話，你會對這個公司及其產品和市場情況有很多瞭解，甚至也許可以更多地瞭解你的談話夥伴。

富業務提示：

由於金色等待能帶來力量，有些銷售員甚至有意提前到達。這時候最糟糕的事情就是客戶已經準備好和你談話了。

人們最感興趣的，是人，
其次是事，
最後才是觀念。

富業務有效溝通的時間規律

好感在行銷過程中是一個相當微妙，也相當關鍵性的層面。與準客戶建立好感，可以加強你在後續追蹤時的約談能力。

對於建立好感而言，富業務在與顧客或潛在客戶的交流中的效率較一般的業務員要高很多，原因就在於他們常遵循這樣的原則：

如果富業務已經認識對方——假如你有公事，在兩分鐘之內討論完畢。假如對方是你的客戶，花幾分鐘討論共同話題以建立私人關係。假如他正和你不認識的人說話，請客戶幫你引見，看看適不適合你。假如你做了承諾，跟對方再要一張名片並立刻記在名片背後。無論如何，五分鐘一到，立刻走人。

如果富業務不認識對方，在他做三十秒自我推銷以前，一定會先取得資料。富業務也絕不會滔滔不絕說個沒完或試圖行銷，而是先讓對方談談他們自己，設法建立共同興趣。問問他們目前使用你們商品或服務的情形如何：「你目前從哪兒獲得……？」「你使用……覺得如何？」「你在哪兒購買……？」「你對……的使用知道多少？」。問些吸引準客戶的問題，讓他談論自己，讓他開始敞開心胸，呈現真實的自己，這些才是你該問的問題。一旦他們開口談及私人問題，要抓住不放，並擴大談論的範圍。

當你認準一位準客戶時，試著打探出他的私人興趣。進行完傳統的商業資訊交換後，試著打探出他下班後都做些什麼，或者他下週末要做些什麼。說不定你可以試試看，如果剛好有活動即將舉行，例如球賽、賽車、音樂會、劇場表演或商業慶典。

當你開始對這個人有點兒瞭解之後，便可以開始進行「咱們待會兒去聚聚，繼續這個討論」的部分了，這會鞏固我們最重要的約談行動。

留意不要在共同興趣的話題上花太多時間。花三十分鐘去談你所喜歡的事物是相當令人心動的，但不要這麼做。你和別人見面的機會正在等著你。你可以在下星期午餐時間再繼續這次的談話。現在動身到下一位準客戶身邊吧！

富業務提示：

在與潛在客戶交流中，你的效率高低取決於你對時間的把握。

人們最感興趣的，是人，
其次是事，
最後才是觀念。

富業務重視「星期一成交」

富業務成功實現周計畫的秘訣在於把星期一當成跳板，安排與最有希望成交的客戶在星期一早晨見面。

因為，星期一的表現會影響一整周的工作士氣，那麼，如何來巧妙的運用「星期一效應」呢？富業務們常常遵循這樣的方法：

一、安排於星期一完成一樁交易

安排一個自己有信心絕對會成功的約談在星期一一早進行。以完成交易來開始新的一周，你會覺得感覺很棒。它令你進入狀況，提高你加倍努力工作的士氣。

既然有那麼多公司都把會議安排在星期一早上，你的約定一定具有最強大的生產力。你可以在十點鐘以後開始打電話，如果時間允許的話，你也可以試試在八點鐘以前打幾通電話，很多決策者都是會早起的。

二、每星期一觀看或聆聽令頭腦興奮的行銷訓練教材

在自己的汽車上或家裏（或兩者同時）播放訓練影音或能夠激勵你的訓練教材，讓你的腦袋吸收一些能夠幫助你完成第一筆行銷的新知識。你在赴約途中學到了新技巧，不出幾分鐘你就可以現學現賣了。

三、星期一就與足夠（至少五個）的客戶約好見面時間，以確保本周之工作效率

為何不擁有一個充滿成功與樂觀盼望的星期一呢？決定在你自己，拿起電話想辦法進行吧！

四、每星期五再觀看或聆聽一次行銷訓練影音

以常態方式持續地進行一整個星期的推銷教育，對你的成功及推銷的其他層面都十分重要，不過星期五早上一定要觀看或聆聽一次行銷訓練影音教材。

五、再安排於星期五完成另一樁交易

為星期五下午安排一個成交在即的推銷，為這個星期畫下一個圓滿的句點。

六、在星期五就與下星期一即將見面的客戶確定約談時間

如果前四天你都工作得很努力，你一定已經把「星期一早晨完成推銷」的約談安排好了。在星期五打電話給客戶確認一下。

人們最感興趣的，是人，其次是事，最後才是觀念。

七、每星期五都先與客戶（至少五個）預先安排好下周見面時間

為什麼不向自己保證會有一個安排得滿滿的下星期？週末是用來放鬆心情，而不是用來擔心下星期約談太少的。

同時，對自己做以下的承諾：

星期五若約不到五個下星期的約談，或者不能確認下星期一的推銷計畫，我絕不下班！

富業務提示：

安排約談、聽錄音帶、完成行銷……看起來似乎是很簡單，不過一〇〇%行銷人員不肯這麼做的原因是，它需要努力。如果你工作訓練有素且熱力四射，你一定做得到。依照這七個指示做，你就能擁有推銷的持續力。

第三章：印象法則

富業務形象完美人脈增，
窮業務不拘小節失利多。

窮人脫胎換骨發展委員會

富人俱樂部招考辦公室

人們最感興趣的，是人，
其次是事，
最後才是觀念。

富業務成功靠衣裝

常言說：人靠衣裝，佛靠金裝。做為一個業務員，首先要讓人重視自己。怎麼樣才能讓人重視自己呢？在服裝上下點工夫，不失為是個簡單而有效的辦法。每一個富業務都懂得衣著光鮮的重要性。

一個人獨自在房間裏時，無論穿什麼哪怕不穿，都屬於個人的私事，無關緊要。可是，一旦出去，就到了有他人存在的社會，穿著就必然會給別人留下或好或壞的印象。人們首先是從一個人的外表來對其進行判斷的。

作為業務員，每天要與許許多多素不相識的人見面。就應該懂得善於使自己的服裝引起對方的注目。如果穿著一條皺皺巴巴不知何時用過的褲子，繫的領帶花裏胡哨，腳上的鞋子滿是灰塵，這種人做業務員是不夠格的。

推銷大師沙菲羅弗說過：「在當面會談中，如果你衣著華貴，外形出眾，或許能給人一種重要人士的感覺。」佛朗哥．貝德格在他所著的《我是怎樣成功地進行推銷的》一書中，談到服裝時這樣寫道：「服裝不能造出完人，但是初次見面給人第一印象的百分之九十，產生於服裝。」

富業務很注意保持一種良好的第一印象，因為他懂得作為業務員，你可能不會有第二次機會。客戶對你的第一印象是依據外表──你的眼神、面部表情、言談舉止等，其中一項就是你的服裝。一項研究顯示，客戶更青睞那些穿著得體的業務員，而另一項研究顯示，身著商務制服和領帶的業務員所創造的業績要比身著便裝、不拘小節的業務員高大約六〇%。窮業務總捨不得花錢去添置衣服，以為這是節儉，他不明白，這項投資對他的工作具有舉足輕重的影響。

服飾對於業務員的作用正如產品的包裝一樣。良好的穿著感覺和品味是銷售中成功的關鍵。服裝應該與銷售環境相適合，也要能與所拜訪的客戶類型相一致。例如，一個向農民推銷飼料的業務員的服飾就應該與向醫生推銷藥品器材的業務員的服飾不同，這就是因人而宜。

日本推銷大師齊藤竹之助曾反覆強調過服裝的作用。因情況不同，有時，他在一天之內要換好幾次服裝。他認為穿衣服要講究時間、地點、場合，進而選擇相應的服裝。在十多年的推銷生涯中，他時時注意自己的服飾，為成功的接觸打下了良好的基礎。

在服飾中，除了服裝，妝飾也是很重要的。如香水、髮型和面部化妝等都必須精心選擇，力求與環境相配，令人感覺協調舒適。在通常的距離以內，客戶不僅看見你、聽到你，同時還會嗅到你身上散發出來的氣息，因此，應非常得體地妝飾自己。

保持服裝整潔是絕對必要的。裝束大方、整潔、漂亮，自然而然地使自己的心情也很舒暢，內心充滿自信感。

人們最感興趣的，是人，
其次是事，
最後才是觀念。

為了更好地引起別人的注意和給人留下深刻的印象，富業務懂得穿著與自己個性相適應的服裝。美觀大方的修飾，並非是指一定要經常穿當前流行的最新式的上等西裝。而是指那種講究選擇與其人格、體形相稱的服裝修飾的態度。在這方面，歐美人是比較具有個性的。在那裏，人們穿色彩鮮豔的各種服裝。有些西裝的顏色差不多，但卻從裝飾品（別針、手套、帽子、手提包之類）上顯出與眾不同來。

總之，對於業務員來說，服裝是很重要的銷售工具。它能決定與人見面時的第一印象，可以認為是推銷的第一條件。不要讓自己的儀表、面容給自己的工作設下不必要的障礙。

富業務提示：

服裝作為一個業務員的外在美，是引起顧客注意，在顧客腦海中留下印象的關鍵。如果一開始就產生討厭的感覺，肯定不利於後來的順利接觸。因而，富業務很關注初次見面時的服裝會給顧客怎樣的印象。

富業務擅長包裝自己

作為一個業務員，他所推銷的最重要的產品是什麼？**美國汽車推銷大師喬・吉拉德說得很清楚：「推銷的頭號產品是自己。」**

富業務們都明白這個道理。很多窮業務似乎也懂，他們也會說：「先推銷自己，再推銷產品。」可是聞其言後，再觀其行，就能發現他們整個人還是全部圍繞著產品轉，陷入一個極大的迷失。

怎麼樣推銷自己呢？首先讓客戶認可自己，看重自己，讓自己在客戶的心目中有一定的位置。

幾年前聽過一個故事：巴黎有一個保險業務員與在向人推銷保險時很長時間沒有什麼進展。有一次客戶送他出門見到他開的是一輛凱迪拉克，立刻改變了態度，與他簽約。其實，那輛車不是業務員的。

車子、筆記型電腦、高級筆、高級手錶、新型手機……都可以借，都可以租，想想看，當你在客戶面前熟練地擺弄這些東西時，會給客戶良好的印象。

不但東西可借可租，連人也可以借，請上司出馬，是不少富業務喜歡用的手法，還挺管用。

人們最感興趣的，是人，
其次是事，
最後才是觀念。

請出「總經理」陪訪，在別人面前打電話向「總經理」請示，對方會想，上司願意為這個人出力，看來這個人是很有能耐的。

這些手段的效果往往很好，但在採用物力、人力包裝自己和商品時，請不要忘記，這些僅僅是輔助手段。要長期生存和發展，就得不斷加強自己和商品的內在品質。假如產品品質不夠，就算推銷手段再巧妙，怎能成為享譽世界的名牌？

富業務提示：

業務員也要像商品一樣，是需要包裝的，要想把商品推銷出去，首先是把自己推銷出去，不妨為自己做個包裝，讓客戶信賴你，或許是達成交易的一個好方法。

富業務舉止自然得體

有個成語叫「見微知著」，就是說在細節上可以看出大問題來。中國有句老話：「勿以小節而略之。」千萬不要因為小節而壞了大事情。富業務都懂得細節的重要，因此在細節問題上他們從來都不馬虎。

與客戶打交道時，某種不良習慣會直接導致生意談判失敗，但是遺憾的是，很多人找不出問題所在。

言談舉止，可以說這是任何一個步入社會的人的必修課之一，而對於像做推銷的靠拜訪別人進行商務活動的人來說，就更為重要了。不懂得禮貌的業務員不能獲得別人的好感，自然無法獲得滿意的銷售業績，只能成為一個窮業務；而富業務卻是彬彬有禮，溫文爾雅的，到哪裡都受歡迎，取得良好的銷售業績也是很自然之事了。

想成為世界上最成功的銷售人員一定要明白，聆聽是推銷的第一法寶，因此我開始打電話給我的客戶，並且請教他們：他們希望推銷人員怎麼做。他們期望推銷人員有怎樣的行為舉止。我靜靜地聽，並且記錄下來。

人們最感興趣的，是人，
其次是事，
最後才是觀念。

除非你只是個聽命行事的人，你對待一位潛在客戶的方法，將決定你能接到訂單的多寡。生意總是可以成交——不是你把願意銷售給客戶，就是客戶把不願意銷售給你。

這兒有一張客戶對推銷人員的意見表——是客戶親口所說。簡而言之，他們說的是：「這是我希望別人銷售東西給我的方式。」在這張意見表裏，有哪幾項是你每次在呈現商品或提供服務時確實做到的？這些客戶的要求，有助於你得到幾次肯定的答覆。如果你能把它們綜合起來使用，你將會擁有更強大的威力。

以下便是客戶對你言行舉止的要求：

一、只要告訴我事情之重點就可以了。

我不要又臭又長的談話，等你對我稍有瞭解以後，請有話直說。

二、告訴我實情，不要使用「老實說」這個字眼，它會讓我緊張。

如果你說的話讓我覺得懷疑，或者我根本就知道那是假的，那麼你就出局了。

三、我要一位有道德的推銷人員。

行銷人員經常因為少數幾個沒有道德良心的害群之馬，而背上莫須有的罪名。能夠為你的道德良心做證的，是你的行為，而非你所說的話（把道德掛在嘴上的人，通常都是沒有道德的人）。

四、給我一個理由，告訴我為什麼這項商品再適合我不過了。

如果你所銷售的商品正是我所需要的，在購買之前，我必須先清楚它所能夠為我帶來的好處。

五、證明給我看，如果你能證明你所說的話，我的購買意願會比較強。

給我看一篇發表過的文章來加強我的信心，或鞏固我的決定（客戶說的是：「我不相信大多數的行銷人員——他們跟我們一樣會撒謊。」）

六、讓我知道我並不孤單，告訴我一個與我處境類似者的成功案例。

我不想當第一個，並且是僅有的一個。我要知道他（或你）在其他地方的成效，如果我知道有情況與我相似或相同的人，如果他們也購買了，並且很喜歡或者使用很有效，我對商品的信心會增加許多。

七、給我看一封滿意的客戶的來信。

事實勝於雄辯。

八、商品銷售之後，我會得到什麼樣的服務，請你說給我聽、做給我看。

過去我曾經購買過太多次兌現不了的服務保證。

人們最感興趣的，是人，
其次是事，
最後才是觀念。

九、向我證明價格是合理的。

我想確保自己支付的金額是合理的，讓我覺得撿到了便宜。

十、告訴我最好的購買方式。

如果我買不起，但我還想要你的商品，請給我迴旋的餘地。

十一、給我機會做最後決定，提供幾個選擇。

坦白告訴我（嘿！如果我說不能用「老實說」這字眼，你也不可能用這個字眼）假如這是你的錢，你會怎麼做。

十二、強化我的決定。

我會擔心自己做了錯誤的決定，我能得到什麼好處，讓我覺得買得很有信心，以這些事實幫助我、堅定我的決定。

十三、不要和我爭辯。

即使我錯了，我也不需要一個自作聰明的推銷人員來告訴我或試著證明；你或許是辯贏了，但是你卻輸掉了這筆交易。

十四、別把我搞糊塗了。

說得愈複雜，我愈不可能購買。

十五、不要告訴我負面的事。

我希望每件事都很棒，不要說別人，尤其是競爭對手、你自己、你們公司，或者我的壞話。

十六、不要用瞧不起我的語氣和我談話。

推銷人員自以為自己什麼都懂，把我當成笨蛋；不要告訴我你以為我想聽的話，如果嫌我太笨了，我想我還是向別人購買好了。

十七、別說我購買的東西或我做的事錯了。

喜歡那種得意洋洋，深感自己很聰明的感覺；要是我真錯了，我機靈點兒，讓我知道其他人也犯了同樣的錯。

十八、我在說話的時候，注意聽。

我試著告訴你我心中想購買的商品，而你卻忙著把你手邊的商品推銷給我。

人們最感興趣的，是人，
其次是事，
最後才是觀念。

十九、讓我覺得自己很特別。

如果我要花錢，我要花得開心，這全要仰仗你的言行舉止。

二十、讓我笑。

讓我有好心情，我才有可能購買；讓我笑意味著我對你的同意，而你需要我的同意才能完成行銷。

二十一、對我的職業表示一點兒興趣。

或許它對你一點兒也不重要，但它卻是我的全部。

二十二、說話要真誠。

假如你說謊，只是為了得到我的錢，我看得出來。

二十三、當我無意購買時，不要用一堆老掉牙的銷售伎倆向我施壓，強迫我購買。

不要用推銷人員的口氣說話，要像朋友——某個想幫我忙的人。

二十四、當你說你會送貨時，要做到。

如果我把生意交給你，而你卻令我失望，下一次我就不可能再和你做生意了。

二十五、幫助我購買，不要出賣我。

我討厭被出賣的感覺，但是我喜歡購買。

富業務提示：

細節能夠反映出一個人的思想修養和道德品格，就像水珠能反應出太陽的光輝一樣，千萬不要小看細節問題。在平時的工作和生活中，要注意這方面的培養。

進入社會的第一步就是要樹立自己的形象，做為一個專業的業務人員，一定要養成良好的習慣，在日常生活中就要注意自己的小節，千萬不要因小失大。

人們最感興趣的，是人，
其次是事，
最後才是觀念。

富業務深知「名片小，作用大」

名片雖小，卻是一件有力的推銷工具。富業務的名片大都有與眾不同之處，下面便是幾個典型的富業務巧用名片的例子：

實例一

一九六九年進入豐田汽車公司的椎名保文僅用四年的工夫，就賣出一千輛汽車，頗讓同僚矚目。當他在豐田「摸爬滾打」十七年後，他的名片上印著這樣一段話：「顧客第一是我的信念，在豐田公司服務了十七年之久是我的經驗，提供誠懇與熱忱的服務是我的信用保證。請您多多指教。」這段文字是手寫體的。

這張名片比一般的大兩倍，除了公司的名稱、位址、電話以外，上方還寫著「成交五千輛汽車」，並貼著一張椎名保文用手指比成V字的上半身照片。

名片的背面，印著椎名保文的簡歷，上面寫著「一九四〇年生於福島縣」及前文所提銷售汽車數量的個人記錄，末尾則記著他家的電話號碼。這種讓人一目了然的「自我推銷」工具，可以說是他成功的秘訣之一。

實例二

日本有位推銷人壽保險業務的S先生，在名片上印著一個數字——「七六六〇〇」。顧客接到他的名片時，總是問他：「這個數字是什麼意思？」

他就反問道：「您一生中吃幾頓飯？」

幾乎沒有一個顧客能答出來。

S先生便接著說：「七六六〇〇頓飯嘛！假定退休年齡是五十五歲，按日本人的平均壽命計算，您還剩下十九年的飯，即二〇八〇五頓……」

透過這種方式，他總能誘導一個本來不願參加人壽保險的人深刻感受到人壽保險的必要性，進而簽定契約。

從商務角度來說，名片應儘量印得「實」些，不要太虛。有的人印名片喜歡印上一大堆頭銜，很多都是虛假的，並不一定能得到別人的尊重，即使到了尊重，也未必在商務交際中產生實際作用。富業務正與此相反，他們的名片突出的重點，把最實在的資訊傳達給對方。

當然，實在也不等於普通，因為名片的作用不僅是說明「我是誰」，更重要的是告訴別人「我想幹什麼」和「我在什麼方面可以幫助你」，所以，在自己職權和專業範圍上加點說明或者突出

人們最感興趣的，是人，
其次是事，
最後才是觀念。

幾點，有時候是必要的。毫無疑問，這種說明的重點是讓別人知道你的長處，而不是籠籠統統列上一大堆業務項目或職務頭銜。如各種業務競爭都很激烈，能夠在某一點上有特別表現就可以佔有優勢。

另一方面，富業務常會在自己的名片中列下與自己生意和專業有關的名銜，這樣會更容易使他人在與自己的交際中找到一些共同語言。

在交往中，名片應該被看做是個人的廣告，而使用名片則是為自己做廣告。富業務為自己設計得精彩些，廣告做得好，窮業務做得則差些，這全靠自己怎麼動心思。如果有可能的話，最好能多印幾種名片，對不同的人使用不同的名片，這在現代交際中也是非常必要和有用的。

富業務提示：

在銷售技巧上恰當的做些創新，使自己與別人不同，不但可以加深客戶對你的印象，還能給人一個良好的感覺。

富業務一開場就能打動人心

你的開場白會立即造成客戶對你的第一印象，因而，開場白是好是壞，在很大程度上決定了這筆交易的命運。

富業務們深知在拜訪中，客戶或準客戶看到的第一件事，就是自己的專業形象，接下來是開場白給予人的印象。

自己的傳達方式、真誠與創意則會影響整個約談的氣氛。它們也會影響準客戶的聆聽態度。如果一開始就取得了他的注意力和尊敬，自己很可能全場都得到同樣的尊重。反之，就有可能入寶山而空手回。

如果是透過電話溝通，開場白就更顯重要了。它是業務員所有的一切。你不能說：「你看我穿了這麼帥的西裝。」你的下場全在你的言語掌控之下。

這點很重要，業務員一定要了解，假使準客戶不認識你，在他心中只有一個念頭：你要幹什麼？你愈快說到重點，便愈有利。

有沒有現成可用的標準對白？當然有！下面便是富業務在開場時所運用的標準對白：

人們最感興趣的，是人，
其次是事，
最後才是觀念。

一、「你能不能幫我？」或「我需要你幫我一些忙。」

這是最有效的開場白；如此一來，準客戶會因樂於助人之心而削弱了對推銷人員的提防。記住，我們的目的是要準客戶聽我們說話。「你能不能幫我？」幾乎是在強迫對方要注意。另外一句同樣有效的話語是：

二、「我想留（或寄）給你們一份有關（商品或服務性質）的簡介，我應該留給哪一位？」

這是所謂的「間接限定」，可以讓「守門人」不起戒心。你只不過想問個人名，所做的也不過是留下一點東西，然後你就走人了。她希望你離開那裏。

三、「我想留些東西給能夠做決定（商品或服務性質）的人。請問是哪一位？」

這句話的強迫意味比較濃，但通常比較有效。

不論是第二種還是第三種情況，如果你留了資料，在自己的名片背面寫了留言給這位決策者，對進行後續電話都將大有助益。

富業務提示：

趕緊把你們行業所使用的開場白列一張清單出來，修改它，仔細地分析，把它和你同事所寫的互相做個比較。明天就試用這些修改過的對白，其結果一定會令你大吃一驚！

富業務成功登場有藝術

相信「自我誇耀令人厭惡」對於業務員是一個很錯誤的觀念，它帶來的結果是使很多業務員成為謙卑的乞討者。他們不懂得自我表現以引起別人關注的，以至常常與成功無緣。

「謙卑是種裝飾，但最好不靠它成事」，那些自信的富業務正是以此為信條而取得成功的。當然，一切都要有度。過度自信將很快被認為是傲慢。如果到了這一步還不把它當回事，便會導致最後的失利。

那麼，富業務是如何恰當的表現自信的呢？以下便是富業務表現自我的七個「必要」：

一、要有積極的世界觀

愛訴苦的人，會跟客戶一起牢騷滿腹。世界美麗得超乎想像，所以請你熱愛這個世界吧，不論它是大或小，要知道你無法改變這個世界。

二、要做個「明智的」利己主義者

利己主義者是什麼都想據為已有的人。但是明智的利己主義者卻在內心深處銘記：幫助別

人們最感興趣的，是人，
其次是事，
最後才是觀念。

人，你也會得到別人的幫助。永遠記著幫助別人，給人熱情、支持、博愛，給予承認並自我提升，你會得到好的回報。幫助別人取得成功的人，自己就是成功的。

三、要有好的心情

清早起來就想到會有壞消息的人，準會聽到壞消息。一大早就滿腹消極情緒，這一天都不會開心。預言就像一個神奇的「魔咒」，總能變成現實。而搖擺不定的情緒會一直傳染下去。可見每天一早起來就保持一種好心情是永保青春的靈丹妙藥。早上鬧鐘在叫你，請你高興起來吧！你很健康，你有很多高興的理由。別忘了，情緒製造情緒。

四、要保持良好的形象

一個破舊的箱子、一摞發黃的文件和一件煙燻過的西裝都會使人產生一個反應：拒絕。經常檢查一下自己是否衣著整潔，你身上所有一切是否令人感到舒服。衣領必須平整，文件箱要乾淨，汽車要好好保養。甚至，對形象的講究，已經被視為婦女經商的秘訣之一。

五、要讓你的出現帶來影響

膽小怕事的人是沒有機會的。「表現要大膽，有話就直說，不可多饒舌。」讓我們銘記馬丁・路德的箴言。充滿朝氣的步伐，誠實而緊張的態度，令人愉快興奮的表現，這樣的人才是客戶所信賴的。

六、要保持你的個性

我們在談話中常聽到類似的字眼：「我的名字無足輕重」、「鄙人」或「沒有人過問我」。這些都說明他們，缺乏自我意識！請你將廉價的廣告日曆扔到角落，買考究的文件夾和皮箱，讓人對你的名和姓都留下深刻的印象。客戶喜歡高貴的人品和有修養的談話夥伴。

七、要提高你的自我意識

一味訴苦「可惜我沒學過……」或「假如我以前就……」的人，時間長了將只會被別人同情。出於同情只能做點小買賣，做成大生意要靠自信和信任。

請相信你自己！學會為你的成功而慶祝，並欣然接受這份成就！

富業務提示：

「我是最偉大的！」穆罕默德．阿里講的這句話是如此著名。你乾脆也說：「我是偉大的！我為我自己和我周圍的一切而自豪，我為我的家庭、我的朋友而自豪，我為我的職業和我的客戶而自豪！」

人們最感興趣的，是人，
其次是事，
最後才是觀念。

富業務銷售有禁語

有些開場白，諸如「您真漂亮」或「啊，您很有貴族氣質」，只會讓客戶覺得你是在試圖給自己打氣，以求創造一個良好的談話氣氛，而客戶的反應卻是悲觀的。

恰恰是第一次與一位潛在新客戶的接觸要求你格外慎重，開始時要小心避免客戶會產生某種誤會。

富業務時時謹記：任何表揚的話、任何一個認可都必須真實。

這裏舉一個例子：在約定好見面時間後，業務員準時到達客戶那裏，而後很可能就會有下面「自我吹捧」似的對話：

客戶：天呀，您準時得一分鐘都不差！

業務員：是的，這是我的風格，準確表現在每個細節中，我們做所有事情都是這樣的。

不覺得這樣的回答有點過分嗎？不妨採用下面的對話方式：

客戶：天呀，您準時得一分鐘都不差！

業務員：對，我雖然是個比較準時的人，但由於您給我指的路好，我才可以準時到達，我還得感謝您呢！

客戶馬上就會覺得他幫助了別人，而且由於我們準時到達而使他的價值得到肯定。這是給予認可的正確方式。

銷售談話中無謂的絮叨，比如：

■ 您知道您想要什麼？

■ 像您這種地位的男人會……

令您總能擊中要害很容易使客戶感到乏味。他會很掃興。

我們面對的客戶各種各樣：有大有小，有胖有瘦，有聰明的也有愚蠢的，有富有的也有貧窮的，有工程師也有商人。他們之中有的有教養，有的卻很狂妄，有的膽小如鼠，有的則自以為是，總之不一而足。那麼，怎麼才能滿足不同的要求呢？

有效的方法是寬容，就是感覺到最終你比別人更好。客戶原本怎樣就怎樣去接受他。我們反正不能改變他。他受過四十年的教育，不管是好是壞，我們不可能在兩個小時的銷售談話中將這個事實改變。

富業務提示：

馬克．吐溫曾說過：「我們喜歡直截了當的人，如果他們說的正合我們的意！」如果我們能這樣想了，那麼我們就已經站在成功的起點了。我們的美好願望將傳染給客戶並被回饋回來。

人們最感興趣的，是人，
其次是事，
最後才是觀念。

富業務引出話題有技巧

適時地引出談話話題是成功的前提條件，但可惜的是大部分談話，很多都是以下面空洞的內容開始的：

- 「您還好嗎？」
- 「很高興認識您。」
- 「您這次旅行順利嗎？」

如果這些話只是隨便說說，就像說：「您還好嗎」，那它就顯得多餘了。除非我們在這些方面有廣泛瞭解並能激發客戶的興趣，否則就不要去泛泛地談論天氣、休假及愛好。

那麼，怎樣才能更好的引出話題呢？分析富業務談話的開端，可以將其分為七個階段：

第一階段：友好的問候

一句輕鬆悅耳的「早安，先生或早安，女士」，比單獨一句沉悶的「你早」更好。讓我們從一開始就把客戶引導到一個積極氣氛中去。

第二階段：著重自我介紹

說「我是……公司的馬亞」比說令人費解的「我的名字叫馬亞」更令人舒服。只有注重自我介紹的人才是重視他的談話夥伴的。我們與不重要的人做不成重要的生意。

第三階段：真正承認客戶

「客戶先生，一切都如期進行，真太好了。這也完全是我們的原則。」這樣說很容易使客戶產生彼此是一個利益整體的感覺。而陳述為「您喜歡狗，我也喜歡狗」，就顯得很平淡無味。

第四階段：扣人心弦的小型談話

先來個小型談話，肯定會引起客戶的興趣。這樣的開頭「您知道嗎……」，會讓客戶產生好奇，他將開始注意。

第五階段：對客戶作出的各種姿態給予接受

永遠不要出於禮貌而拒絕客戶向你提供的一把椅子或一杯咖啡，否則客戶會逐漸停止給我們幫助，至少在下訂單的時候我們非常需要這種幫助。請接受這些姿態，接受客戶的幫助。讓別人幫助的人，將長久地得到幫助。

人們最感興趣的，是人，
其次是事，
最後才是觀念。

第六階段：鄭重地交換名片

只有將名片認真地拿在手上，才會產生所需要的對我們價值的肯定。不要將它隨意丟在桌子上，要特意擺出來。

第七階段：使用以客戶為中心的稱謂

如何稱謂是談話的基礎。一句「我想我可能還來拜訪您」是以我為中心，顯示我要從你那裏得到什麼。使用以「您」為中心的稱謂將向客戶表明我們對他是真正認可的。「在您這裏我瞭解到很多有意思的東西，我可以給您描述一下嗎？」這時客戶已經是交流的中心點了。

富業務提示：

談話開端若能達到引人入勝的效果，那麼你就已經離成功不遠了。

第四章：溝通法則

富業務得體促交流，
窮業務無規礙溝通。

窮人脫胎換骨發展委員會

富人俱樂部招考辦公室

人們最感興趣的，是人，
其次是事，
最後才是觀念。

富業務以微笑為溝通武器

日本有一位人壽保險推銷高手，名叫原一平，身高只有一米五，與別人相比，實在毫無優勢可言。於是，他拚命地用表情來取勝，練出了三十八種笑。等到他成為億萬富翁，被人譽為「推銷之神」時，他的笑臉也被評為「價值百萬美金的笑」。

優秀的富業務都明白一個道理：「人無笑臉莫推銷。」戴爾・卡耐基在他的暢銷書《如何贏得朋友》中說：**「一位精幹的專業推銷員把他的部分成功，歸功於他那能解除抵抗武裝的自然的微笑。」**

美麗的微笑，似乎總能點亮我們的生活。人們喜歡歡快、積極的態度。如果你的生意不太好，而有人問你「生意怎麼樣？」你會不想承認或談論它。

富業務以親切的微笑，一流的服務態度向客戶推銷，會讓客戶有一種賓至如歸的感覺。一般情況下，如果一家店裏賣的商品比較貴或者不符合顧客口味，或者缺少顧客想要的商品，但在業務員平易近人的情況下，經過一番寒暄，顧客以後想要買什麼，只要這家店有，大多數還是樂於光臨這裏。這樣那些經常購物的人成了這家店的常客，甚至與業務員成了朋友。

推銷實際上也應遵循這樣的原則。富業務也有這種認知，**把自己當成一家店，力爭廣納客戶。**可以說，笑容摧毀了人與人之間互相防禦的心牆。也就是說沒有距離的親近，讓一位素昧平生的客戶對你首先產生信任感。而只有當他願意繼續傾聽時，你才有下一步介紹產品的機會。

實際上，只要你夠真誠，你的笑就能打動別人，一些「錯誤舉止」也會被人忽略。所以學習一定的笑的技巧是有益的。

微笑來自快樂，它帶來快樂也創造快樂。在推銷過程中，微微一笑，雙方都從發自內心的微笑中獲得這樣的資訊：「我是你的朋友和同伴」，「你是值得我微笑的人」。

微笑雖然無聲，但是它說出了如下許多意思：高興、歡悅、同意、贊許、尊敬。所以富業務常常把「笑意寫在臉上」。

富業務提示：

不管什麼時候，永遠都不要皺眉頭。你皺眉，對方會以為你討厭他，誰會和一個討厭自己的人交往呢？你不但要讓人知道你不討厭他，還要表示你很喜歡他。請時常照一照鏡子，笑一笑，問自己：「如果我是客戶，我會和鏡子裏的這個人成交嗎？」

人們最感興趣的，是人，
其次是事，
最後才是觀念。

富業務快速找到共同話題

推銷通常是以商談的方式來進行，倘若客戶對業務員的話題沒有一點點興趣的話，彼此的對話就會變得索然無味。窮業務往往只知就事論事，只談他要推銷的東西，這樣效果往往適得其反，引不起客戶的興趣。因為往往客戶當時並沒想買這一類東西，或者他的心思正被別的事情佔據。這樣的情況下失敗的例子是很多的。而富業務相比之下，則頭腦更靈活，他懂得正面出擊沒有作用，就從側面出擊，使對方出其不意被俘虜。他瞭解人的一個共同的心理，就是一談到自己感興趣的事情就變得熱情、來勁，而對和自己興趣相同的人也會產生格外的好感和親切感。而每個人幾乎都有他非常感興趣的事情，如果業務員能夠瞭解到這一點，對他的推銷必定大為有利。

為了要和客戶之間培養良好的人際關係，業務員最好找出他們之間共同的話題。這就需要在拜訪之前先收集有關的情報，尤其是在第一次拜訪時，事前的準備工作一定要充分。詢問是絕對少不了的，業務員在不斷地發問中很快地就可以瞭解客戶的興趣。

例如，看到陽臺上有很多的盆栽，業務員可以問：「你對盆栽很感興趣吧？假日花市正在開蘭花展，不知道你去看過了沒有？」

看到高爾夫球具、溜冰鞋、釣竿、圍棋或象棋，都可以拿來做為話題。對異性的流行、興趣和話題也要多多少少知道一些，總之最好是無所不通。

天氣、季節和新聞也都是很好的話題，但是這些大約一分鐘左右就談完了，所以很難成為共同的話題。

打過招呼之後，談談客戶深感興趣的話題，可以使氣氛緩和一些。接著再進入主題，效果往往會比一開始就立刻進入主題來得好。

重要且關鍵的是在於客戶感興趣的東西業務員多多少少都要懂一些。要做到這一點必需靠長年的累積而且必需努力不懈地來充實自己。

下面讓我們看一位的富業務的例子。

實例一

紐約有一位杜維諾先生經營一家高級的麵包公司——杜維諾父子公司。他想把自己的麵包推銷到紐約一家大飯店。於是，他一連四年都給該飯店的經理打電話，還去參加了該經理出席的社交聚會。他甚至在該飯店住了下來，以便成交這筆生意。但是，杜維諾的這些努力都毫不見效。那位經理很難接觸，他壓根就沒有把心思放在杜維諾父子麵包公司的產品上。

杜維諾百思不得其解，經過長期的思索與觀察終於找到了癥結所在。於是，他立即改變策略，

人們最感興趣的，是人，其次是事，最後才是觀念。

去尋找那位經理感興趣的東西，以便尋找共同話題。

經過一番調查，杜維諾發現該經理是一個叫做「美國旅館招待者」組織的主要成員，最近還當選為主席，對這個組織極為熱心。不論會員們在什麼地方舉行活動，他都一定到場，即使路途再遠也非出席不可。

第二天，杜維諾再見到這位經理時，就開始大談特談「美國旅館招待者」組織，這位經理馬上做出令他吃驚的反應，滔滔不絕地跟杜維諾熱情交談起來。當然，話題都是有關這個組織的。結束談話時，杜維諾得到了一張該組織的會員證。他雖然在這次會面中沒提麵包之事，但沒過幾天，那家飯店的廚師就打來了電話，讓杜維諾趕快把麵包樣品和價格表送過去。

「我真不知道你對我們那位老闆先生動了什麼手腳。」廚師在電話裏說，「他可是個難以說服的人。」

「想想看吧，我整整纏了他四年，還為此花錢住了你們的房子。為了得到這筆生意，我可能還要纏他幾天。」杜維諾感慨地說，「不過感謝上帝，我找出了他的興趣所在，知道了他喜歡聽什麼內容的話。」

窮業務總是忽視一點：**業務員永遠是和一個人打交道而不是與一台電腦或其他什麼機器交涉。**富業務會審時度勢，有時候他們避免正面推銷，從對方意想不到的角度切進去，尋找共同話題成為推銷的捷徑。上例中的杜維諾就是利用了這個策略，與那位經理找到了共同的話題進而談成了生意。可是他花了四年時間才想明白，相信你是不會花那麼長時間的，因為現在你已經瞭解這個策略了。

業務員常遇到的一個難題是：客戶有時聽他說話精力並不集中。客戶往往會一邊簽署信件或查看文件，一邊對業務員說：「你只管往下說，我一句話也不會漏掉。」

缺乏經驗的窮業務最怕碰到這種情況。他不敢得罪客戶，只好面對著這種幾乎無法克服的障礙繼續介紹自己的產品。這種障礙嚴重影響著談生意的進程，必須迅速加以消除，必要時甚至可以採取激烈手段。只有極少數的人能夠在同一時間將注意力集中於兩件事情，允許客戶這樣做的業務員勢必會喪失成交的機會。而富業務往往會採取一定的手段來扭轉這種局面。

實例二

一個推銷員獲准去見一位經理。經理見他進來，冷冷地指給他一把椅子，又繼續閱讀放在辦公桌上的幾封信。推銷員一言不發地靜坐了好幾分鐘。客戶終於問他：「你是做什麼生意的？」問的時候目光仍然沒有離開信件。

「劉先生，我知道您是個非常精明的商人，不會不看貨就購買東西。我肯定您會對我的建議產生興趣。請先處理您的信件，我可以等一等。」

缺乏經驗的窮業務可能不敢使用上述戰術，唯恐得罪了客戶，但一般來講是不必擔憂的。客

人們最感興趣的，是人，其次是事，最後才是觀念。

戶往往是在擺架子唬人，其目的是要置業務員於防守地位。

只要客戶的注意力還集中在其他問題上，你就不能繼續進行產品介紹。在這種情況下，窮業務往往缺乏主見，聽從客戶的擺佈，結果推銷的效果往往不盡如人意。如果沒有其他方法來扭轉對方的注意力，富業務往往簡單地說：「不，我寧願等您把事辦完。如果您的注意力不能集中，咱們倆都不能以公正的態度對待這種產品。」

最好的辦法是用平靜、鄭重的語氣講出以下的話：

「請原諒，按照我的理解，現在這段時間您是用來接見我的。」

「如果您現在太忙，不能深談此事，您說個時間，我再來一趟好了。」

富業務還有一個有效的辦法就是巧妙地引用第三者的話。這一技巧的妙處在於，一般的客戶對於業務員的印象總是不那麼好，對於推銷這種售賣方式也多持懷疑的態度，但是如果你非常成功地引用了第三者的評價來遊說客戶，那麼客戶一定會感到一種安全感，他本人也會消除對你的戒心，相信你給他做的商品介紹，因此他便會認為購買你的商品要放心得多了。

假如你為一家公司推銷一種新式化妝品，而這家公司已經在電視上做過廣告片，那麼你的推銷一定要從廣告（電視臺也是一種第三者）開始。

當你敲開一家的大門，你應該對出來開門的女主人說：「這就是電視裏天天出現的那種最新樣式的化妝品，您一看就會認出來的。」然後你立刻將樣品遞過去，她便不會有意識地來懷疑你了。如果你認為她並不是一個喜歡標新立異的人，你就可以接著告訴她：「我剛才已經推銷了幾十瓶，大家都是看了電視裏的廣告介紹，而且它也的確不錯。」這樣，她購買的希望就更大了。因為你一直都在「請」電視和其他的購買者來為你說話，她「自然」不會產生什麼懷疑，相反的，會感到安全而樂於購買你的商品。

富業務提示：

就事論事的推銷，不但不會讓對方感興趣，還會讓客戶覺得你是個只追求利益的人，在感情上下點功夫，既是對他人的尊重，達成意願的竅門。

人們最感興趣的，是人，
其次是事，
最後才是觀念。

富業務懂得會說更要會聽

一提到推銷，人們往往會以為是業務員在說個沒完，而顧客只有聽的份兒。其實真正優秀的業務員同時也應當是出色的聽眾。實際上，有效的推銷關係是建立在雙向交流的基礎上的。雖然你必須以雄辯的口才介紹你的產品，但學會傾聽的能力同樣至關重要。一名專業的業務員必須瞭解顧客的想法和感覺。

窮業務往往認為推銷的成敗取決於他的說服口才，所以他在顧客面前往往口若懸河，說個不停。他還認為談判中的任何停頓都顯得很不自然。其實這種想法是錯誤的。我們沒必要對沉默感到不舒服，有時顧客也需要時間去思考和表達他們的意見。否則，你不僅無從瞭解對方想什麼，而且還會被視作粗魯無禮，因為你沒有對他們的意見表現出興趣。

更重要的是，洗耳恭聽可以使你確定顧客究竟需要什麼。譬如，當一位客戶提到她的孩子都在明星學校就讀時，房地產經紀人就應該明白所推銷的住宅社區的學校品質問題對客戶無關緊要。

對於業務員來說，客戶的某些語言信號不肯定地預示著成交有望。比如：

「我丈夫或我妻子會喜歡它。」

「要是我按下這個鍵，會發生什麼情況？」
「這機器怎麼操作？」
「能不能打折？」
「對，是這樣。」
「我喜歡這款式。」

要是一個業務員忙於閒談而沒有聽出這些購買信號的話，那真是糟糕透頂。

富業務在傾聽時，會細心地注意到對方吐露的每一個字，注意他的措辭，他選擇的表達方式，他的語氣或語調。所有這些都能為富業務提供線索，進而去發現對方一言一行背後隱藏著的需求。有時你可以根據對方怎樣說，而不是說什麼去發現他的心理狀態。

我們對顧客能夠提供的有價值的幫助之一，就是幫助他們認識真正的需要。富業務會盡量提出一些有關問題，並仔細聽取他們的回答，例如，可以先就顧客已有的物品提問：「在你擁有的物品中，您最喜歡是哪一樣？」然後再問他「在沒有的物品中，您想要哪一樣？」

這種提問是推銷交談中的關鍵之一，你能從中得到一些有用的回饋資訊。假如你認真傾聽他們的回答，你就能發現他們對自己已有的物品和對自己想要的物品間的差別，這意味著他們希望從購買中獲得一種什麼樣的感受。然後，在一分鐘時間內歸納一下談話的要點，並復述給對方聽，說明你認真聽取並瞭解了他的意見。最重要的是，你非常清楚地指出已有的物品與他想要的物品

人們最感興趣的，是人，其次是事，最後才是觀念。

間的區別。這樣他就可以認識到他需要解決的問題及想要獲得的感受。你還可以對顧客這樣說：「根據你剛才告訴我的情況，我建議……」這是一種將答案與問題連在一起的方法。

要明確，人們並不是要買我們的服務、產品或主意，他們真正要購買的，是他們想像中的使用了這些商品後所獲得的「感受」。有良好業績的直銷商並不是一見面就宣傳他的產品的優點，因為你重點宣傳之處未必是用戶所關心的。他寧可先花幾分鐘時間去瞭解用戶最關心什麼，然後再提供意見。

在推銷中最快的方法，就是真誠地幫助他人去發現他們最大利益之所在。這樣他們才會有所行動，且會儘快行動。

在學校裏，老師們教了我們別的交流方式，比如寫作、閱讀和演說，卻沒有教給我們聆聽。然而，每一個業務員都可能因為擁有了這項技巧而獲取豐厚的利潤。

富業務提示：

不要對客戶的話充耳不聞，而只顧把公司產品的特徵和優點一一背讀。一定要善於傾聽，傾聽的技巧有三點：一是精神的投入程度；二是處理資訊的方法；三是是否帶著審評的心理去聽。

富業務多用商量的語氣

為了更好的建立感情上的聯繫，應該多使用一些商量的語氣，而避免用命令或是乞求式的語氣。

什麼是商量的語氣呢？舉個例子，當你去搭乘公共汽車，一上車以後，對坐著的人說：「對不起，能不能讓我過去？」這就是商量的語氣，此時，即便位子很緊，他也可能樂意讓你擠進來。相反的，你若用命令式的語氣說：「讓開一點，我要過去。」這樣，即使位子很鬆，他也未必會給你讓出位子。同樣的，你若用乞求式的語氣，也不會達到目的，因為對方感到你是個不值得尊敬的人，對你的意見當然不會十分重視。

在推銷過程中，也是一樣的道理。多使用商量的口吻說話會給你贏來更多的顧客。

在你的銷售談話中，你還必須有意識地運用停頓和重複。停頓會使顧客回顧起對你有利的參考資訊，重複會使你的商品的特殊優勢給顧客留下更深的印象。此外，你還應習慣於在談話中運用語調，掌握談話速度，以便控制整個推銷談話向著你希望的目標前進。

在一些重要的細節上，你還要檢查一下你的口頭語是否對推銷有利，如果不利，應儘快改正

人們最感興趣的，是人，
其次是事，
最後才是觀念。

過來。

比如，把「我認為……」的口頭語改成「您是否認為……」會更有利於成交。

建立良好的感情紐帶，要養成好的談話習慣是重要的一條，就是你必須少說廢話。你在與顧客商談時，應做到簡明扼要，恰到好處，過多的廢話往往會引起顧客反感。

當你的產品擁有眾多的優點時，你不妨僅僅說出其中重要的一兩條來，這比你多費口舌羅列一大堆優點要好得多。

富業務提示：

感情可以拉近距離，和每個顧客都要成為知心的朋友，多學習些拉近關係的小竅門，比如輕鬆的談一些生活上的問題，或是從客戶的邊緣關係上入手，以情動人，會有意想不到的效果。

富業務善於舉例子

任何人都對形象的事物記憶深刻，而對抽象的事物容易忘卻，所以在銷售、推廣產品的過程中，不妨多舉些生動的例子，來使顧客加深對產品的印象。一位業務員這樣說：「**人們最感興趣的，是人，其次是事，最後才是觀念。**」因此，你要常常提到人──有哪些「人」使用過你的產品；有哪些「人」覺得在使用產品時，的確得到許多好處，你的產品對哪些「人」造成神奇效果等等。

實例的確會帶來奇跡。有一位業務員說：「實例是舉世最偉大的成交高手。」當業務員給顧客講一個精彩的真實故事時，顧客一般都不會打斷他。為了使推銷更清楚、更有趣、更具說服力，使用實例是一個好辦法。

書店所賣出的書中，小說類的作品要比嚴肅的論文多出十倍以上。這是因為人們都喜歡看到生動的故事，即使他們想吸取某些道理，他們也喜歡用這種方式，因為這種方式令人輕鬆愉快，而且生動。

一位業務員說過：「兩三個實例所造成的效果，往往勝過上千個理論。」

比如有兩個業務員向學生推薦一種學習英語的訓練課程，窮業務只會說：「許多參加過本訓

人們最感興趣的，是人，
其次是事，
最後才是觀念。

練課程的人，都發現自己的英語成績顯著提高。」這是事實，但聽起來並沒有什麼說服力。而富業務則會說：「有一個學生寫信告訴我們，他在參加補習班之前，考了幾次英語中級檢定都沒考過，但在參加補習班後，不僅考過去了，而且幾乎得了滿分。」這樣會給人留下更深的印象。每一種好產品都需要實例來支持。富業務瞭解實例的驚人價值，所以他們平時就注意收集這些有用的故事。這也是非常有趣的事。那麼他們到哪裡去找尋這些例子呢？其實任何地方都可以找到。

你可以與顧客談談他們是怎樣使用你的產品的，感受如何，你也可以詢問製造廠商、上司、同行或其他的業務人員，或者從許多報紙雜誌的報導中獲得生動的實例。

富業務針對每個銷售重點去準備一個有趣、有說服力的實例。當然，不一定每次都用得著，這需要隨時注意對方的反應、需要，然後適時用恰當的實例去維持他們的興趣。

除了用於提供解答，實例也可用在推銷工作的其他方面，如：建立和諧、引起興趣、處理反對意見等等。

那麼使用實例有哪些訣竅呢？

一、誠實舉例，千萬不可捏造故事。

這是因為故事本身會聽起來不真實，除非你是個好演員，否則很難講得理直氣壯，具有說服力。最好的實例應該是發生在你自己身上的事，因為你會講得很生動，但注意不可把重點放在炫耀自己，而是要把重點放在讚美產品上。

二、要具體，或者說要避免籠統。

假如你說：「讓我們來舉個例子——這附近許多雜貨店都認為這產品銷路很好。」這樣的說法並沒有什麼說服力。但假如你說：某某人說……，這樣的說法就有力多了。

三、要能打動人心。

你在述說實例的時候，要像說故事一樣有情節、有動作，以產生有力的效果。

四、所舉的例子要恰當。

也就是說，你所舉的例子要能證明你想要證明的論點。

富業務提示：

在講解的過程中，一定要舉例子，這樣才能說服顧客，並且給顧客留下深刻的印象。舉例子一定要誠實可靠，經得起推敲，如果捏造，效果就會適得其反。

人們最感興趣的，是人，
其次是事，
最後才是觀念。

富業務側面應對顧客的藉口

顧客的拒絕藉口實在太多，「價錢太貴」就是一個最常用的藉口。比如業務員推銷的是一種大件的耐用消費品，很有可能遇到這樣的情況：顧客並不是直截了當地說不買，而是面有難色，猶猶豫豫地稱「價錢太貴了」、「還沒打算買」。可能你已意識到，客人是想要的，只是還沒有下定決心。該怎麼辦呢？

這時窮業務會說「價錢可以商量……」，其實最糟糕的方式莫過於此了，因為這等於承認了推銷的價格的確過高了。富業務在這種情況下懂得與顧客談產品性能、品質，讓顧客獲得「絕不會浪費」的理由。讓他感到業務員是誠懇的，買賣是公平的。這樣，就等於向他說：「你絕不會吃虧的，只有好處沒有壞處。」這會增強顧客的自信心和安全感。

同時，嫌價錢貴的說法不一定是站得住的，因為顧客不一定充分掌握了同種產品價格等市場訊息。一定要抓住這一點，打開突破口，最後使顧客安心地買下商品。富業務會說「你說得一點不錯，二萬元的確不是一筆小數目（先承認顧客的說法）。可是，你有沒有考慮到這些東西絕不是說一天兩天，一年兩年就弄壞的，一般情況下可以用十年。假定只有五年吧！一年平均四千元，每一天平均不到十元。您是抽煙的吧，一年之中買的煙，平均一天就花五十多元的煙錢，這樣一天分攤的費用不能算貴吧？如此經濟的支出，你是很合算的。」

在推銷中，不要過於急躁，努力地用你的方法向顧客發問或者簡要回答，逐漸說服顧客。

如果顧客說：「還沒想到要買」，富業務會揣摩著問：「您所顧慮的，大概是資金問題吧？好吧！我想您自己的經濟情況，您自己最清楚了。不過有一句話要提醒您一下，機不可失，時不再來。眼下這樣物美價廉的好事，可不是想碰就能碰得上的，您自己好好琢磨一下吧！」應付「嫌價錢太貴」的顧客富業務會說：「不會吧？您是否曾經與其他商品作過比較，同時也比較過價格呢？我可以很有把握地對您說，用這麼低的價錢買這樣的產品，是十分划得來的。」

或者說：「如果您認為我們的商品價格太高的話，您是否能保證，一年之後的價格不會更高呢？請您相信我，這是必然趨勢。您知道，現在物價水準一直是上漲的，現在花一塊錢可就相當於以後花一塊多錢啊！您難道不希望在漲價以前再買一些嗎？如果您現在不買我們的商品，以後，您就無法用這個價格買到這麼好的東西了。」

在推銷過程中，推銷成功與否的最主要的決定條件就是錢，因為其他條件是彈性的，是相對的，惟獨「沒錢」是肯定做不了生意的。如果顧客說：「不怕您見笑，我們眼下還沒有錢買。說心裏話我們很想買，不過得等有錢了再付款，你看行不行？」很多窮業務聽了這種「藉口」，便會洩了氣：「唉，沒錢不是白費口舌？算了吧！」

人們最感興趣的，是人，
其次是事，
最後才是觀念。

但富業務懂得，顧客口中的「沒錢」往往是極富彈性的，很可能是一種藉口。如果被這種藉口所迷惑就難以創出行銷業績來。眾所周知，錢雖然變不出來卻可以湊出來，比如借款、分期付款、賒欠都是可行的辦法。業務員在與「無錢購買」的顧客打交道時不要聽著沒錢二字，轉身就走，而應該坐下來與顧客作充分的溝通，重點介紹產品的優越性能和低廉價格。

富業務應付「無錢購買」藉口的顧客，會巧妙地在顧客提出「沒錢」的藉口之前，就預先堵住這個「缺口」，讓他說不出「沒錢」二字。

一位業績非凡的化妝品推銷高手談到他的經驗時說：「我的前輩常教導我，要瞭解化妝品的本質。化妝品不是生活必需品，不是大眾化的便宜貨，甚至可以歸為奢侈品。所以，在推銷的工作中就要狠下工夫，利用讚美的語言，拉家常的方式，讓顧客生起愛美之心。」

實例

有一次，這位富業務向一位太太推銷化妝品，她開始時拒絕。這位業務員突然發現她家門廳裏有一個精美的女用高爾夫球袋，立刻計上心頭，話鋒一轉：

「這球袋是您的？」

「是啊。」

「呵，好漂亮。在哪選購的？」

「這是從美國買回來的。」

「原來不是國內產品，我還沒見過這麼漂亮的球袋呢！」

「可不是，為此我花了不少錢。」

高爾夫球是富裕階層的娛樂活動。業務員聽著她眉飛色舞的談論，找到一個適當的機會便說：「是啊，這種化妝品不是便宜貨，的確貴了點，一般薪水階級用不起，使用的女士都是高收入者。」一句話正中下懷，使她心裏高興，嘴上說不出沒錢的藉口了。

這就是巧妙地讓顧客把還未道出的藉口嚥回去，好比醫學上強調的「預防重於治療」。她的藉口流失了，但購買的理由保留了下來，推銷的結果將可想而知。

富業務提示：

應付「無錢購買」的顧客，要避免與顧客「沒錢」的藉口正面交鋒，而應巧妙地在顧客提出「沒錢」的藉口之前，就預先堵住這個「缺口」，讓他說不出「沒錢」二字。

人們最感興趣的，是人，
其次是事，
最後才是觀念。

富業務電話溝通講策略

每個人都會打電話，但是打電話也是大有學問的，在面見客戶之前，透過電話溝通，有時候就能發現誰是富業務，誰是窮業務。

對於很多人來說，到大公司要學的第一件事不是如何做業務，而是如何打電話。儘管很多人自認為是會打電話的，但實際上他們僅僅只是能把要說的話說出來而已，至於措詞和語氣，甚至音色上的講究，就從來沒有花過心思了，所以給人的感覺不夠專業。

一個人的素質是多方面的，思想、性格、修養、閱歷、乃至德性，都可以在與人接觸的瞬間暴露無遺。真正得體的言行是不可能偽裝出來的，一個人的胸懷和氣度以及他駕禦人際關係的能力，自然會在一舉一動中表現出來。

業務員常常靠電話來聯繫業務，在打電話時應該注意許多禮貌。電話接通以後，應自報家門。一般是接電話一方，應主動自報家門，即最先報家門。

通話時，語調要溫和，聲調要熱情愉快，向著電話微笑。聽電話時，一定要熱情，並不時插話，透過「哦，是，不」等語言告知對方你在認真聽。別人在說話時，不作聲，以免引起誤會。注意自己的音量一定要適中，嘴唇離話筒一至二公分，要講得緩慢，吐詞清楚，以讓對方明白，凡說到數字、人名、地名時最好重複一遍，並問對方聽清楚了沒有，同音字、近音字應做解釋。

如果電話接通後，要找的人不在，應表示感謝，接電話的人應客氣地說：「對不起，某某先生不在，恐下午才回來，下午打來好嗎？」接話時，有時可能詢問對方的姓名，「我可不可以告訴他誰打的電話」、「讓我轉告好嗎」「總經理不在，請問你是哪一位？」……透過這些婉轉的方式，請對方留名或內容。

撥錯了電話時，不要馬上掛電話，應說一聲「對不起」，接通電話時，可說：「這裏是……，你可能撥錯了電話。」

打電話時切勿囉嗦，應長話短說。另外，一般先掛電話的人是撥叫的人。與上司或長輩打電話時，應請他們先掛電話。

那麼，在進行推銷訪問時，如果對方有電話，一定要預先將訪問日期、時間等透過電話進行聯繫，初次見面時尤其應該如此。對約定好的時間一定要嚴格遵守。從對方接電話的語調上，如果察覺到：「今天似乎很忙呢」之後，應立刻適當地轉換語氣：「看到您工作很忙，今天就不打攪了。」

現代化生活中，電話設備已經成為十分重要的工具，也成為極方便的推銷工具。

電話使成交的速度加快。接觸是推銷的前提，而運用電話聯絡客戶不但容易達到接觸的目的，

人們最感興趣的，是人，
其次是事，
最後才是觀念。

也容易快速成交。現今社會講求的是快速成功，而不滿足於努力一定會成功，達到成功的目的固然厲害，快速的成功才是重點。而電話就是可以快速找尋準客戶的方法之一，可以快速完成接觸客戶的目的。

電話可以排除不可能成交的客戶群。如果用機率來顯示使用電話推銷的成功率，不成功的機率一定是很高的。因為這種方式在先天條件上不足——陌生拜訪會有不安全感，後天的環境又欠缺有利的立足點——客戶害怕被推銷，所以客戶聽到推銷電話時，大都會比較排斥。

那為什麼還要用電話推銷呢？電話推銷宜用逆向思考的方法，不是找準客戶，而是找不可能成為客戶的人。找到這些人後，就把他們排除。一般地來講，銷售的機率大體是：一百個客戶中只有一個成交的機會。所以有必要事先把不可能的排除出去，會使後面的銷售工作更加有順利。

那麼在電話中如何儘量以良好的狀態出現呢？那就要經常照鏡子，訓練自己具有堅定的語氣與感染他人的氣息，能使對方更容易接受你。看著鏡中的你做出微笑的表情，讓每一通電話都是充滿信心的開始，並排除上一通電話所帶來的不良情緒影響。

有的窮業務在遭受客戶拒絕之後，心裏產生障礙，但迫於形勢還是硬著頭皮打電話。可笑的是，當聽到對方一句「他不在」，就感到如釋重負，好像他不是要做推銷的。這是因為他自己嚇自己，總是缺乏信心。其實陌生的客戶對於你的來歷毫不知情，為什麼一定會拒絕呢？富業務懂得遇上挫折時，放鬆一下，調整心態之後再重新出發，迎接新的挑戰。

用電話推銷還需要多做練習，增加經驗。富業務懂得透過練習可以穩定自己不安的情緒，增加實際應對的膽量，而且在相互練習時可以藉由對方糾正自己的缺點。正所謂「一回生，二回熟，三、四回倒背如流」，只要不斷地練習，用電話推銷的技能就會越來越強。

在運用電話聯絡客戶時，富業務很注重細節，以防止客戶產生不悅的情緒。而窮業務則比較粗心，很可能在不知不覺間得罪了客戶，還不明白客戶為什麼不接受自己。

千萬不要讓電話鈴響超過三聲以上才接起電話，這樣會讓來電話的人等的不耐煩，也容易影響辦公室的寧靜。通常在第二聲響鈴一半的時候接電話比較適宜。

剛接起電話時應稍待半秒鐘再開口說話，以讓對方有反應的時間差。如果一接起電話就馬上講話，很可能會令對方反應不及而漏聽前面的幾個字。

用禮貌的態度去面對任何人，自然可以贏得別人的好感，多說聲對不起，凡事不易起爭執，萬一做錯了什麼事情時也容易獲得對方的諒解。

隨手記錄來電內容。俗話說：好記性不如爛筆頭。在電話旁邊準備一些紙筆，以便來電時可以記錄對方交辦的事。粗心的窮業務有時接到電話才臨時翻箱倒櫃找筆。這雖然是細節，也容易引起對方的不快。

如果沒聽明白，別不懂裝懂，一定要問清楚。有的窮業務接到電話不好意思問明白對方是誰或是對方所交代的事情，這是一種危險的習慣，因為如果不注意而傳遞出錯誤的訊息，比重複發

人們最感興趣的，是人，
其次是事，
最後才是觀念。

問要可怕得多，因此，如果無法理解對方所說的意思，別怕再問一次。

富業務懂得要比對方晚掛電話，這是尊重對方的行為。這樣可以避免對方聽到收線時「卡」的一聲，而且萬一對方仍有事要說，也不至於被切斷。掛電話時，可以一手拿話筒，另一手按開關鍵，避免對方聽到嘈雜的聲音。

接到外線進來找其他人的電話，要輕聲地傳達，千萬不要大聲嚷，以免干擾別人。如果不確定要接電話的人在不在，不要隨性回答，應說：「他現在不在位置上。」

富業務提示：

利用電話瞭解客戶的資訊是個好辦法，打電話的禮貌能夠給對方留下一個好的印象，不論是建立了關係的客戶還是準客戶，都要經常性的電話聯繫，既能增進關係，又能瞭解資訊。

富業務引導顧客說是

在推銷中，窮業務經常被一些突如其來的問題弄得目瞪口呆，狼狽地敗下陣來。其實，只要你牢記你的目的，預先堵住可能造成麻煩的漏洞，創造一種安全的推銷氣氛，主導整個溝通過程，大部分問題是完全可以消弭於無形之中的。

讓我們來看看業務員最怕、最頭疼的三句話。

實例一

辛辛苦苦地談完了，好不容易說服了對方，冷不丁聽到對方說一句：「不錯不錯，我要跟××商量商量！」

不斷地轉換角度促成，對方仍淡淡地說：「我還要考慮考慮！」

歷盡艱辛成交了，墨水還沒有乾，客戶突然說：「我不要了，給我退貨吧（我要解約）！」

富業務卻可以讓這些話通通消失，秘訣就是儘量避免談論讓對方說「不」的問題。而在談

人們最感興趣的，是人，
其次是事，
最後才是觀念。

話之初，就要讓他說出「是」。銷售時，剛開始的那幾句話是很重要的，例如：「有人在家嗎？……我是××汽車公司派來的。是為了轎車的事情前來拜訪的……」「轎車？對不起，現在手頭緊得很，還不到買的時候。」

很顯然，對方的答覆是「不」。而一旦客戶說出「不」後，要使他改為「是」就很困難了。因此，在拜訪客戶之前、首先就要準備好讓對方說出「是」的話題。

實例二

例如，對方一出現在門口，你就遞上名片，表明自己的身份，同時說：「在拜訪你之前，我已看過你的車庫了，這間車庫好像剛建沒多久嘛！……」只要你說的是事實，對方必然不會否認，而只要對方不否認，自然也就會說「是」了。

就這樣，你已順利得到了對方的第一句「是」。這句本身，雖然不具有太大意義，但卻是整個銷售過程的關鍵。

「那你一定知道，有車庫比較容易保養車子嘍？」除非對方存心和你過意不去。否則，他必須會同意你的看法。這麼一來，你不就得到第二句「是」了嗎？

如果對方真的要拒絕，那不僅僅是口頭上的一聲「不」，同時，他所有的生理機能（分泌腺、肌肉等）也都會進入拒絕的狀態。然而，一句「是」卻會使整個情況為之改觀。所以，富業務明白，比「如何使對方的拒絕變為接受」更為重要的是：如何不使對方拒絕。

富業務一開始與客戶會面，就留意向客戶做些對商品的肯定暗示。

實例三

「夫人，你的家裏如裝飾上本公司的產品，那肯定會成為鄰里當中最漂亮的房子！」

「本公司的儲蓄型保險是你最好的投資機會，五年後開始還本，你獲得的紅利正好可以支付你的兒子的大學費用！」做出諸如此類的暗示後，要給客戶一些充分的時間，以便使這些暗示逐漸滲透到客戶的心裏，進入客戶的潛意識裏。

當他認為已經到了探詢客戶購買意願的最好的時機，就這樣說：

「夫人，你剛搬入新建成的高檔住宅區，難道不想買些本公司的商品，為你的新居增添幾分現代情趣嗎？」

「為人父母，都要盡可能地讓兒女受到最良好的教育，怎麼樣？你考慮過籌集費用的問題嗎？我勸你向本公司投保。」

「你有權花錢買到最佳商品，你可別錯過這個機會，買我們的商品吧！」

富業務在交易一開始時，利用這個方法給客戶一些暗示，客戶的態度就會變得積極起來。等到進入交易過程中，客戶雖對富業務的暗示仍有印象，但已不認真留意了。當富業務稍後再試探客戶的購買意願時，他可能會再度想起那個暗示，而且還會認為這是自己思考得來的呢！客戶經過商談過程中長時間的討價還價，辦理成交又要經過一些瑣碎的手續，所有這些都會使得客戶在不知不覺中將富業務預留給他的暗示，當作自己所獨創的想法，而忽略了它是來自於他人的巧妙暗示。因此，客戶的情緒受到鼓勵，定會更熱情地進行商談，直到與業務員成交。

「我還要考慮考慮！」這個藉口也能避免嗎？也是可以的。一開始商談，就立即提醒對方應當機立斷就行了。具體方法很多，在這裏，請看一看循序漸進的例子。

「你有目前的成就，我想，也是經歷過不少大風大浪吧！要是在某一個關頭稍微一疏忽，就可能沒有今天的你了，是不是？」不論是誰，只要他或她有一丁點成績，都不會否定上面的話。等對方同意甚至大發感慨後，富業務就接著說：

「我聽很多成功人士說，有時候，事態逼得你根本沒有時間仔細推敲，只能憑看經驗、直覺而一錘定音。當然，一開始也會犯些錯誤，但慢慢地判斷時間越來越短，決策也越來越準確，這就顯示出深厚的功力了。猶豫不決是最要不得的，很可能壞大事呢。是吧？」即使對方並不是一個果斷的人，他或她也會希望自己是那樣的人，所以對上述說法點頭者多，搖頭者少。有些直率的人還會舉一些猶猶豫豫、優柔寡斷壞了大事的例子。

因此下面的話，就順理成章了：「好，我也最痛恨那種優柔寡斷，成不了大器的人。能夠和

> **人們最感興趣的，是人，**
> **其次是事，**
> **最後才是觀念。**

你這樣有決斷力的人談，真是一件愉快的事情。」這樣，你怎麼還會聽到「我還要考慮考慮！」之類的話呢？任何一種藉口、理由，都有辦法事先堵住，只要你好好動腦筋，勇敢地說出來。也許，一開始，你運用得不純熟，會碰上一些小小的挫折。不過不要緊，總結經驗教訓後，完全可以充滿信心地事先消除種種藉口，穩定成交。

富業務提示：

在拜訪客戶之前，首先就要準備好讓對方說出「是」的話題。

人們最感興趣的，是人，
其次是事，
最後才是觀念。

富業務善於傾聽

知己知彼，百戰不殆。業務員只有瞭解了顧客的需求，才能有效的針對顧客需求來宣傳自己產品的優點，促使顧客購買自己的產品。經驗豐富的富業務在推銷過程中善於用各種方法探詢顧客的具體需要，進而為自己的推銷服務。

富業務在推銷過程中從來不自說自話，而是用提問的方式，並多傾聽顧客的意見。為了探求顧客的需求，富業務透過商品和顧客溝通意見，也就是說利用商品來說明自己的想法和建議。同時在顧客的不知不覺中，問他一些問題，這樣就能知道顧客需要什麼商品。

富業務為了達到瞭解的目的，會問顧客一些問題，但提問時很有分寸，從不提使人尬尷或涉及對方隱私的問題。

富業務詢問顧客會和產品介紹同時進行。

如果在洽談開始時業務員就突然冒出一句話「你需要的是什麼」，那一時間顧客是答不出來的。即使他早有打算，在未看到商品和聽你介紹商品之前也不會貿然說出的。因此，業務員應先向顧客介紹商品、示範，在介紹商品功能中詢問顧客，以瞭解顧客的真正需求。

富業務詢問顧客需求是從一般性的事情開始，然後再慢慢深入下去。讓我們看看下面這個富業務的例子。

實例

一個推銷輪胎的業務員去訪問一家運輸公司的經理，發現他桌子上的玻璃板下壓著全家人合影。於是業務員與經理拉家常，發現兩人都很關心家庭生活，於是問及長途汽車司機的家庭生活情況，經理談到司機們常在外面跑不能與家人們相聚，並談到如發生事故，會使家人如何。由此業務員瞭解到顧客對產品需求主要是行車中的安全，於是談到他所推銷的輪胎在安全上的特色和優異性能，引起了顧客購買興趣和欲望，進而得到訂單。

由此可看出這位業務員的工作特點：第一，他是先從一般性問題——家庭生活，然後引導到汽車運行的需求問題。第二，當業務員瞭解到顧客的需求主要是安全以後，僅用自己所推銷輪胎的一項優點——安全性能，就解決了公司的技術安全問題，因而得到了訂單。

如果業務員沒有透過層層詢問瞭解到顧客的需求，大談此輪胎如何美觀華麗，能行駛多少公里，或從經濟上算細帳證明購買是合算的等等，無異於隔靴搔癢，打動不了顧客，因為顧客並不希望輪胎美觀華貴，而是希望購買後得到安全。

富業務還懂得先瞭解顧客的需求層次，然後詢問實際需求。瞭解顧客需求層次以後，就可以

**人們最感興趣的，是人，
其次是事，
最後才是觀念。**

掌握自己說話的大方向。可以把提出的問題縮小到某個範圍內，而易於瞭解顧客的實際需求。如顧客的需求層次是處於低級階段，即生理需要階段，瞭解顧客著重於哪一方面。對於需求層次高的顧客，比方說是屬於滿足自尊需求的顧客，一般對商品的價格、耐用不大關心，而重視心理上的滿意，如美觀、豪華、舒適、顯示自己身份等，你可以從這些方面詢問，觀察出其需求之處。

富業務善於適應顧客因年齡不同在心理上產生的差異。年齡不同，需求也就不一樣，對商品的態度也不一樣，一般來說青年人接受新事物快，他們喜歡流行式樣，趕時髦，但購買力不強。老年人一般對過去的老牌子感興趣，對商品的保健性能比較重視。業務員掌握這些情況後，就可以在這個範圍深入瞭解實際要求。

獲得資訊的一般手段就是提問，透過提問這種直截了當的方法，不僅可以發現顧客的需求，還能得到其他資訊。在推銷洽談中，要使提問產生較好效果應當考慮：提什麼問題，如何陳述問題，何時提出問題這三點。

其一、提什麼問題

提問題是為了瞭解顧客的需求，而顧客的需求的實際表現是他已經有了的東西和他所希望得到的東西間的差異。因此業務員可以問顧客「已有的」問題，如「你對已經有了的喜歡什麼」，然後問「想有的」，如「在沒有的中你希望得到什麼？」等等。如果你仔細聽他們的回答，就可以聽出「他現在已有的」與「他想有的」之間的差異，進而瞭解他的需求。

其二、注意問題的陳述

下面的幾個實例有力的說明了陳述的重要性。

實例一

一名教士問他的上司：「我在祈禱的時候可以抽煙嗎？」這個要求遭到了斷然的拒絕。另一名教士也去問這位上司：「我在抽煙的時候可以禱告嗎？」抽煙的請求得到了慨然應允。

實例二

又如，一個調查員向一位女士提出了一個簡單的問題：「你是哪一年出生的？」結果惹得女士惱怒不已。對於調查員來說問這句話是例行公事，但這位女士深感年華流逝，對出生年份很忌諱，因而大為不滿。後來這位業務員接受教訓，改為另一種方式提問：「這份汽車登記表上要填寫你的年齡，有人願意填寫大於實際一歲，您願意怎樣填呢？」這樣說就好多了。可見提問方式的重要。

其三、何時提出問題

提問的時間掌握，要依據顧客本人、推銷產品的情況，及約見的時間地點來決定。可以一開

人們最感興趣的，是人，
其次是事，
最後才是觀念。

始就提出問題，如：「你需要改善工廠的辦公效率嗎？」或「你家有高級音響嗎？」也可以在引起顧客注意以後，根據顧客生產經營情況或家庭情況提出問題。

富業務提示：

只有瞭解了顧客的需求，才能有效的針對顧客需求來宣傳自己產品的優點，促使顧客購買自己的產品。經驗豐富的富業務在推銷過程中善於用各種方法探詢顧客的實際需要，進而為自己的推銷服務。

富業務措辭得體

業務員的武器是語言，工欲善其事，必先利其器。一個業務員如果沒有良好的語言功底，是不可能取得推銷的成績的。

一句話，十樣說，就看怎麼去琢磨。向客戶介紹自己的產品或在商務談判時，遣詞用句是很重要的，它關係著訂單簽還是不簽。

缺乏經驗的業務員們似乎並不明白遣詞用句所能產生的力量。他們往往對自己的話隨意發揮，不是很講究語言的藝術。

業務員在措辭方面應該注意，他們有時所使用的詞語確實沒有太多的價值，甚至對於整個推銷過程是十分有害的。

身為一個挨家挨戶推銷的業務員，窮業務會這樣說：「我今天就是來賣這種產品的。」而富業務會把賣這個字改為促銷這個詞。

另外一個例子是「費用」這個詞。窮業務說：「這個產品的費用是三百元。」這樣容易讓顧客立刻聯想到自己口袋裏的百元大鈔就要長著翅膀飛走了。而富業務則會把剛才那句話修正一下

人們最感興趣的，是人，
其次是事，
最後才是觀念。

說：「某某先生，這個產品只需要三百元。」這兩句話的意思是一樣的，但富業務的表達就更能容易讓人接受。

在實際推銷中，很多窮業務都是憑個人的直覺進行推銷，對如何說話更能達到洽談目的，更能說服顧客並不在意，也很少考慮。但恰恰語言上這些看似微不足道的細節卻正是阻礙洽談成功的重要因素。窮業務在洽談時經常出現錯誤的談話方式。

窮業務洽談時常用以「我」為中心的詞句，不利於與顧客發展正常關係，洽談氣氛冷淡，洽談成功率低。像：

「我認為（您穿這件大衣很好看）」

「我的看法是（你現在就該把它買下！）」

「如果我是你的話……」

「依我看……」

「我要對你說的是……」

「我的意見是……」

「考慮一下我所說的話……」等等

這些談話方式都是不好的，正確的講話是將每一句話中的「我」字都改為「您」字。

這樣的詞句既不能表達具體內容，又不能發揮任何作用，像：

「我還想說……」

「正像我早些時候說到的……」

「我想順便指出……」

「事實上……」

「是真的嗎？」

「無論如何……」

「你不同意嗎？」

「你可以相信它……」等。

這些語言等於廢話。像「您還想買些什麼？」這樣的問話是毫無意義的。顧客聽了就會不假思索地回答說：「什麼也不買了。」

也不要說些誇大或是空話，推銷洽談不是唱讚美詩，不能肆意誇張談話內容。使用如「極好的」、「最好的是……」、「無可比擬的」、「一流的」、「超級的」、「獨一無二的」等詞語不僅毫無意義，也令人難以置信，往往會使業務員處於進退維谷的境地。

在向顧客介紹產品時，說話要具體明瞭，如「這種電扇經久耐用」給顧客的印象是模糊的。就不如「這種電扇能用二十年」更具體明瞭。

還有一條就是不要說「行話」，各行業和各公司都有自己一套特殊語言，稱為「行話」。顧

人們最感興趣的，是人，
其次是事，
最後才是觀念。

客對這些「行話」只會感到陌生，不能對其理解和接受。

總之，業務員應該仔細推敲自己的遣詞用句，做到對自己的說話方式和技巧有獨到的把握，這是成為富業務的必備條件之一。

富業務提示：

富業務須避免哪些錯誤的談話方式？

一、講以「我」為中心的詞句；

二、講言之無物的詞句；

三、毫無意義的問話；

四、用詞誇張；

五、用詞籠統不具體；

六、講「行話」，而不是講大眾語言。

窮業務演說，富業務說服

許多窮業務有這樣一種傾向：不停地介紹自己產品的特點和好處，將他們與顧客的交流逗留在資訊傳遞階段，而忘了轉入說服階段。這使得他們的演說要麼說服力不強，要麼等到最後想說服對方卻為時已晚。

一篇純資訊性的演說很少能誘使聽眾做出購買的決定，因為他們從中得不到任何動力。逗留於資訊傳遞階段的窮業務雖然聽不到顧客的拒絕，但也得不到顧客要買的決定。

說服應該貫穿推銷演說的始終。儘管在結尾著重勸說是常用的方法，但是如果通篇都能說到觀眾的心裏去，效果會更好，因為你的演說一步步地引導他們自然而然地做出決定。演說的重點應始終放在影響聽眾的思想和行動上，這就需要精心安排一些很有說服力的演講材料。

在介紹產品的品質和功能等等之前，甚至在選擇推銷對象之前，你對自己的論點就應該一清二楚。為什麼客戶要選擇與你合作，為什麼要選擇你的公司，為什麼要馬上行動？你都應該準備好充足的理由。然後在演說一開始時便把最得力的理由陳述清楚，而在結尾部分介紹產品的品質和功能。富業務明白，這才是正確處理說服和資訊傳遞之間關係的方法。

人們最感興趣的，是人，其次是事，最後才是觀念。

富業務的演說字字句句都是為了說服。說服性演說有以下五個基本特點：雙向交流；令人信服；指出了顧客的可能損失（培養顧客的需求）；提供理想的選擇；有絕對的競爭力。

要想說服聽眾，你不能僅僅單向地輸出資訊，你必須學會如何恰到好處地提出問題，傾聽對方的回答，並且在演說結束前給出適當的回答。

總結起來演說一般大多按以下步驟進行：總結現象；指出問題；解決問題；展示效果；鼓勵行動。

總結現象。總結現象即指出顧客的潛在需求。顧客在聽演說前可能並不清楚自己究竟需要什麼，他們可能根本不知道你賣的是什麼東西，或你賣的東西能給他們帶來什麼樣的便利。這些都是你應該告訴他們的。

指出問題。大多數人購買商品或服務的原因是因為他們產生了某種需求或遇到了某些問題，包括了時間、金錢或者感情上的需要。而你要告訴他們，這些商品或服務能夠幫助他們解決問題。

解決問題。作為銷售人員，你的任務就是向顧客展示你的產品將怎樣解決他們的問題。

鼓勵行動。最後一步是鼓勵聽眾採取行動。這是整篇演說最關鍵的一步，也是你的根本目的所在。沒有這一步，你前面的功夫不就白費了！

此外，還應注意，在以往人們往往認為，只要努力地宣傳產品的品質和功能就足以讓顧客選擇你的產品。但是在今天這樣已經不夠了。當今市場競爭激烈，消費者如果覺得某種產品太昂貴或非必需品，就不會花這筆額外的錢。

而富業務懂得讓客戶相信，沒有我們的產品、服務，他們就無法正常地生活和工作，也就是說，會承受某種損失，他們就會接受我們的推銷。損失的「創造」能夠幫助富業務超越對手，成功地賣出自己的產品或服務。

另一方面，在透過指出顧客的損失以讓他們選擇自己產品的時候，窮業務很容易做得過火。但富業務不會去攻擊他的競爭者，也不會讓顧客覺得你是在脅迫他。經過練習，你會逐漸地養成在銷售演說中指出損失，同時提供解決方法，即成為了你習慣的一部分。但是，不要把「損失」這兩個字直接地掛在嘴上，而且它也只是眾多使演說更具說服力的方法中的一種。

富業務提示：

不要在演說的過程中只是一味的宣傳產品，而使與顧客的交流逗留在資訊傳遞階段，忘了轉入說服階段。

人們最感興趣的，是人，
其次是事，
最後才是觀念。

窮業務抓不住推銷重點

顧客在與業務員交流時，由於自身的需要，往往對產品要進行瞭解。而顧客的這種瞭解又突出地顯露在產品的某個方面。比如安全性、品質等，把握顧客對產品需求所真正關心的重點，對顧客進行詳細的說明，是推銷成功的一大「法寶」。

而在推銷洽談中，窮業務不夠善解人意，不能想顧客所想、答顧客所問，尤其對顧客特別關心的問題不能給予正確的回答，不是一筆帶過，輕描談寫，就是回答籠統含糊，答非所問。其原因無非以下幾點：

一、粗心大意，對顧客關注的問題有所忽略；

二、對顧客的問題不夠重視，認為是多餘的；

三、認為顧客的問題很簡單，泛泛之談就足以說清；

四、怕顧客引起疑慮而有意迴避。

以上任何一種情況的出現都足以影響到洽談的成敗。首先，泛泛而談缺乏說服力，不夠具體，顧客的疑慮得不到解釋，當然也更容易引起對方的警覺，在這種情況下，顧客會做出購買決定嗎？

窮業務有時會犯這樣的錯誤：在面臨客戶質疑有關價錢方面的問題時，他轉變話題去談一些他覺得較為習慣的事。他們會將話題轉到現在正在放映的電影或是報紙的新聞話題上去。他們擅長很快地改變話題，更希望客戶會忘了他曾提到過關於價錢的事。對於這些業務員，事情發展恐怕不會如他們所願，如果客戶對你所推銷的產品有興趣，他恐怕是不會忘記他曾經說過的話的。

因此，絕對不要試著改變話題，並且假裝你從來未聽到客戶的要求。因為如果你的客戶認為你沒有聽到他的問題時，他仍會再提一次有關價格的問題或是對其他方面又有所疑問。

富業務提示：

不要對客戶的質疑抱著逃避的態度，無論是什麼樣的問題，只要是顧客提出的，都要給予解答，這樣才能建立最好的客戶關係。

人們最感興趣的，是人，
其次是事，
最後才是觀念。

富業務巧妙拒絕客戶

在推銷活動中，我們總是希望迅速有效地改變客戶的態度，但方法一定不能簡單。尤其是在你需要拒絕客戶所提出的要求時，千萬不能直接加以否定，而是要採取尊重客戶的做法，利用拒絕技巧，巧妙、間接地暗示顧客，讓他心裏清楚：業務員是尊重他、理解他的，只是自己提出的要求太苛刻了，對方實在辦不到。這樣，顧客從業務員那裏獲得心理上的滿足，同時心理會產生自責感，這種自責感又可能會成為推銷的突破口。

在推銷活動中，不是時時處處都能使用「沒問題」、「行」、「好」的答覆。由於雙方存在利益關係，有時難以避免會有衝突，那麼就要在一些問題上出現拒絕對方的情況。這種情況處理不好，會馬上傷害對方的情感，而使推銷半途而廢。

一個高明的富業務，他能在否定中給對方留下良好的印象，並使對方在愉快中接受這種否定，這是因為他有高超的語言藝術。一般來說，富業務拒絕顧客有以下幾種方法。

在否定顧客意見的時候，富業務總是盡力避免使用「不」、「不行」、「辦不到」。但當不得不說這些字眼的時候，他會給予顧客其他的補償，以滿足顧客的心理需要，使顧客產生好感。

比如他會給顧客提出建議，介紹新去處。這種為顧客考慮的做法，容易在顧客心裏樹立一種誠實可靠的形象，贏得顧客的再次回頭。

當價格上不能接受顧客的要求時，富業務決不會給予斷然的否定，因為這樣會損害推銷氣氛，削弱顧客的購買欲望，甚至會激怒顧客、導致交易失敗。為了避免這種情況，富業務在拒絕時，會在能承受的利益範圍內，給予適當的利益補償，滿足顧客買便宜貨的心理。

富業務還會用一種方法，就是寓否定於肯定。

顧客的要求，他沒法滿足，但他的拒絕中沒有一個否定詞，而顧客又能從他的話中聽出言外之音。這就避免了顧客的難堪，也不會覺得他的拒絕唐突，如：「劉經理，光天化日之下您要搶劫啊！」

「您的價格有點那個，您看是不是……」委婉地指出顧客的要求欠妥，但不易傷害顧客，容易為顧客所接受，促使交易順利地進行下去。

有時富業務在拒絕對方時，先肯定對方的意見，再配以和藹的態度，滿面的笑容和謙恭的體態，使顧客感覺到他的誠意，就能獲得對方的好感和諒解，減弱拒絕的衝擊力。

也可以引導對方自我否定。即：談判者不立即表態，而是透過提出問題，讓對方逐步否定原來的意見。這裏，業務員並不直接進行否定，而是借對方的口來否定原來的意見，這樣就能夠防止顧客產生對抗心理，促使推銷的成功。

**人們最感興趣的，是人，
其次是事，
最後才是觀念。**

有時在顧客提出的要求不能達到時，富業務會表示：你的要求已超過了我能同意的程度。同時不帶否定詞，委婉地提出自己無法逾越的客觀上的障礙，向對方表示自己力不從心，使顧客對自己的拒絕給予諒解。這樣不會造成情緒上的對立。業務員可以使用的客觀障礙包括兩個方面：

一、指出自己缺乏滿足對方需要的某些必要條件，如人力、資金、技術等。

二、社會的局限，如法律、制度、紀律、慣例和形勢等無法改變的客觀限制。

利用客觀障礙往往容易得到對方的諒解。

在拒絕對方時，富業務儘量用商量的口氣，從不斷然拒絕。

富業務還有一種巧妙的拒絕方法是利用幽默表示否定。幽默是推銷活動的潤滑劑，它能製造一個愉悅的交際氣氛，化解不愉快，能改善與顧客的關係，往往使顧客在笑聲中接納他的否定。

實例

一位顧客在餐廳吃飯，第一口就吃到砂子，當場不快。當服務員走過來時，抱怨道：「喂，怎麼儘是砂子？」服務員微笑著答道：「不對呀，也有飯粒嘛。」一句幽默有趣的話把顧客逗笑了。這時，服務員乘機說：「先生，真對不起，我再給您換一碗飯。」顧客的氣已煙消雲散了。

富業務提示：

在你需要拒絕客戶所提出的要求時，千萬不能直接加以否定，而是要採取尊重客戶的做法。

人們最感興趣的，是人，
其次是事，
最後才是觀念。

富業務遠離陳腔濫調

成為一位專業銷售人員的關鍵在於不要有業務人員的口氣。

米契爾．卡內是位最優秀的商業攝影師。拍照時，他從來不說：「笑一個。」要客人笑肯定是攝影師們的最大功夫。他的說法是，要求他的拍照對象笑，但是卻不說出來，讓他覺得比較有創意。

他拍的上百幅照片中大部分照片中的人都帶著微笑，顯然他的哲理有用。米契爾避免使用陳腐的、沒有想像力的、虛偽的字眼，這些正是職業好手不同於業餘者的分別。

你今天要如何要求你的客戶面露笑容、向你購買呢？你說的話有沒有冒犯到他們？你使用的字眼是製造信心，還是破壞信心？你有沒有散發出「我只是為了訂單才來這裏」的形象？

要獲得訂單，你必須使用更高級優美的字眼，避免讓自己聽起來就像個虛偽的業務人員。如果你聽起來像一個虛偽的業務人員，很可能你正是這樣的一個人。

事實上，應該永遠避免的言辭如下：

坦白地——聽起來就很假。所有的行銷課程都建議你，把這個詞從你使用的辭彙中刪除。

十分坦白地——比「坦白的」雙倍無聊的字眼。說出這個詞彙的人，會令人十分懷疑他所說的話。

老實說——這個字眼的後面通常都跟著一句謊言。

我是說真的——不，你不是。這可能是英語中，最虛偽且意思變化最大的一句了。

你今天準備要下訂單了嗎？——這真是一句沒禮貌、愚蠢、倒胃口的話。你一定有更好的辦法來問準客戶感覺如何，「什麼時候想下訂單？」

今天好嗎？——這是所有零售商的國歌。你會想：經過一百年來的零售，他們應該想出更有創意、更以客戶服務為導向的話來說才對。

應該永遠避免的哲理如下：

醜化競爭對手——絕對不要。這不只是一個不會贏的情況，而且是一個完全落敗的處境。如果你說不出好聽的話來，就一句話也別說。如果你對一位準客戶說你競爭對手的是非，你很可能正在跟他們的親戚或配偶說話，這會讓你很難看。

說教——絕對不要說自己多麼有道德。讓你的道德自己散發光輝。監獄裏多得是會說教的電視佈道家和商人。如果你覺得一定要證明自己，你可以舉個例子，說明自己的表現和反應。告訴準客戶，你希望能建立長遠的關係，不是「僅此一次」的訂單；不過絕對不要提到道德這個字眼。如果有人在買賣場合聽到這個字眼，那麼他會不顧一切離開這個人遠遠的。

**人們最感興趣的，是人，
其次是事，
最後才是觀念。**

給你的挑戰是，致力於協助或滿足客戶或準客戶的需求。有創意的言辭與舉動經常就是你得到「好」與「不好」的差別所在。這項差別的結果在於你得到訂單，或是讓競爭對手得到訂單。當敵人得到生意時，夠令你火冒三丈了吧？那就採取行動、救救自己吧！如何救自己呢？找同事和其他業務夥伴一起來設法讓自己與眾不同。有才華的人會想出答案與樂觀的結果。寫下來，加以練習，要有信心，結果一定會令你笑顏逐開。

如果你必須強調自己是怎樣的人，八〇％的人會認為你並不是那要的人。

富業務提示：

「我很誠實」、「我有道德」甚至「我是老闆」或「我在做主」，通常都暗示著剛好相反的事實，不是嗎？

第五章：心理法則

富業務讀懂心理業績升，

窮業務盲從銷售步履艱。

窮人脫胎換骨發展委員會

富人俱樂部招考辦公室

人們最感興趣的，是人，
其次是事，
最後才是觀念。

富業務巧妙開啟客戶心動鈕

所有銷售訓練都有這句話：「如果你想完成推銷，一定要按下他的心動鈕。」太棒了，心動鈕在哪兒？心動鈕隨處可見，問得到、聽得見，只要你提高警覺。

只有在你找到心動鈕時，按下它才會管用。這兒有些方法，讓你在交談中發現心動鈕：

- 提出與現況、處境有關的問題例如，在哪兒度假？孩子就讀哪所大學？
- 詢問他得意的事事業上最感驕傲的事。
- 提出與個人興趣有關的問題空閒時都做些什麼事？
- 問他，假如他不必工作，他會做些什麼什麼才是他真正的夢想、抱負？
- 提出與目標有關的問題他公司今年度的主要目標是什麼？他要如何達到目標？
- 看看辦公室裏的每一樣東西找找不尋常的東西。有鑲框的、單獨放的、或是體積較大、較醒目的東西，找找照片和獎狀。

開口問和用眼看是容易的部分，困難的部分在於聆聽「心動鈕」就在客戶的反應裏！

一、聆聽第一個反應、又提起的或暗示的第一件事

回答問題的第一句話通常是心底最重要的反應，你在找的東西絕大部分都在準客戶心裏，它或許不是真的心動鈕，但它可以讓你對心動鈕有所瞭解。

二、聆聽立即的、斷然的反應

不假思索的反應是最重要的，錯不了的。

三、聆聽又臭又長的解釋或故事

需要仔細解釋的事情通常是迫不得已的。

四、聆聽不斷重複的敘述

會說二次的事情是「心頭最在意的事」。

五、聆聽情緒上的反應：包括說話的表情及語調

這裏有些見解可以引導業務人員發掘心動鈕：

- 你必須觀察、聆聽第一個反應的原因是，它們發自於潛意識，「重要的」東西經常源自內心。
- 把每件事寫下來，有時候寫字可以激發客戶滔滔不絕地暢談某一件事或強調它的重要性；

人們最感興趣的，是人，
其次是事，
最後才是觀念。

最好捕捉住所有客戶說的第一句話或第一個想法。

■ 一篇關於某個忘恩負義的離職員工如何說公司壞話等等的故事，表示此人有顆「忠誠」的心動鈕。

■ 對於浪費金錢或揮霍無度有立即反應的，表示「認可低價位」與「划算」是心動鈕。

客戶的心動按鈕已經找到了，那麼如何按動呢？下面便是按動心動鈕的五個技巧：

提出「重要性」的問題。例如，「那對你有多重要？」或「為什麼它對你那麼重要？」這有助你更加瞭解情況。

提出你認為重要的問題。如果你記筆記的話，有些地方一經探測便能產生熱力。

用高明的方式問問題。讓它看似談話的一部分，然後觀察反應；如果你相信它就是心動鈕，提出能夠滿足該情況的解決之道。

不要不敢提起心動鈕。確定它，並加強聆聽準客戶的反應。

使用「如果我（提出一個解決方案）……會不會（承諾或購買）……」等有變化的假設說法，此類問題可以得到真正的答案，因為它包含了一個可能發生的情況，且正中紅心。

請注意！心動鈕有時是非常敏感的事情，其中有很多枝節可能是準客戶不願洩露的。你的工作就是去發掘這個按鈕，用它來完成行銷，運用你最佳的判斷力吧！如果你意識到這個問題很敏感，不要逼得太緊。

富業務提示：

用心聆聽是找準顧客心動按鈕的前提。

人們最感興趣的，是人，其次是事，最後才是觀念。

富業務溫暖的掩飾客戶的藉口

有些窮業務喜歡以正面攻擊突破客戶的防線，硬要追根究底問清楚客戶真正的意思。

例如，當客戶說：「孩子還小，暫時不考慮買《大百科全書》。」

很明顯的，這種理由多半是種藉口，不需要去追究真實性是多少。不過，偏偏就是有些窮業務非要搞清楚客戶是真的這麼想還是只是推託之辭，當場毫不留情地予以反問：「那麼何時才是您覺得應該買的時候呢？」

如此一問，原本客戶只是隨便找個藉口來拒絕，被推銷員一反問，不是瞠目以對便是胡亂應對：「這個嘛，目前無法確定。」由於一般客戶就算受過高等教育，也不擅長口頭上提出異議，因此一旦推銷員展開反擊時，往往窮於應付。

問題是當窮業務眼見客戶面露窘色不知如何回答，還自鳴得意，自認這次拒絕語言技巧處理得大大成功，接下來再接再勵展開推銷，以為一定可以順利簽下合約。沒想到，這種做法反而造成反效果。被駁斥得無言以對的客戶心裏一定十分不高興，進而對業務員產生敵意，一心想著只要一找著機會一定以牙還牙予以報復，再也無心聆聽推銷員如何大肆吹噓百科知識的重要性、必要性。

只因為一句反駁傷及客戶的自尊，使客戶不再打開心扉。事實上，就是明知客戶說的是藉口、謊言，也不要當面揭穿，反而應唯唯諾諾敷衍一番，這才是對客戶的尊重，彼此的話題才能繼續說下去。也許客戶不斷提出不同的藉口來拒絕，至少表示客戶對你仍懷有幾分好感，否則大可以直接結束談話，送客出門。

富業務提示：

尊重客戶的拒絕，決不要逞一時之快，自以為聰明地戳破客戶的藉口，這樣做既不會達到你的目的，還喪失了你的潛在資源。

人們最感興趣的，是人，
其次是事，
最後才是觀念。

富業務避免為細節所困

窮業務總錯誤地以為，給顧客講解的越多，顧客越感興趣，對他的產品越有好感，或者對業務員也產生博學的印象，進而有利於成交。其實這是個偏見。業務員固然應該給顧客講解和產品相關的知識，但原則應該是「適可而止」。並不是講的越多越好，講的太多反而會產生不好的效果。

你不必去展示你所瞭解的所有產品知識，同樣的，在做出購買決定前，你也沒有必要讓顧客成為相關的專家。有些業務員認為他們必需解釋有關產品的一切細節——其實他們恰恰在阻止任何人買自己的產品。

窮業務認為，如果他們沒有能夠向顧客展示出自己廣博的產品知識的話，那麼推銷就算不上是完整的推銷。而實際上，他們不停賣弄的結果卻是讓顧客哈欠連天。也許這種業務員最終能獲得一種優越感，但他們卻只能兩手空空地離開。

說得過多反而會失去交易。舉例來說，推銷電腦的業務員如果對顧客講一大通二進位之類的技術行話，而顧客只對應用操作感興趣的話，這筆生意又怎麼做得下去呢？業務員過分的表演不僅減弱了自身的推銷努力，而且失去了顧客。

並不是業務員不應該成為本行業的專家，你完全應該。但是你必須正確地判斷和把握到底該對顧客提供多少產品資訊。這主要看推銷對象。懂得了這一點，電腦業務員就應當對工程師和財政官員提及不同的推銷側重點。再強調一下，主要看推銷對象。

當然，事情總有例外的時候。有些表面看起來不懂技術的人卻偏偏會對技術細節非常感興趣，要是這樣的話，你就必須根據他們的要求做出滿意的答覆。有的推銷汽車的業務員不願打開發動機機罩，與他們的女顧客討論機械問題，因為在他們眼裏婦女不可能懂這些。其實他們錯了，在當今的社會，很多婦女都很懂技術，如果業務員對男士講到一些資訊，而對女士卻省略不提的話，婦女會覺得受了忽視。

然而，很多顧客不管是男的還是女的——都沒有興趣去瞭解齒輪轉速、馬力或催化轉化器之類的東西。所以，對業務員來說，不僅沒有必要向每一位顧客解釋發動機機罩下面的東西，而且這麼做往往會產生反作用。你必須正確估計你的顧客，因人而異地做一些他們感興趣的介紹。

但是，在某些情況下，業務員卻負有法律義務去向顧客解釋產品的某些具體細節，比如房地產有限責任合作協議中的股票推銷，新上市的高風險證券報價等等。你應運用良好的判斷力看準你應該對顧客說什麼，說多少。毫無疑問，你可以說出一些重要的細節，但在恰當的時機該成交就成交，切不可再說一些顧客不感興趣的、毫無必要的、甚至會引起混淆的東西。當然，在你拿到訂單之後，你可以說：「哦，我想順便再說一點我認為對您很重要的東西。」然後，你就可以

人們最感興趣的，是人，
其次是事，
最後才是觀念。

告訴顧客一些必要的細節性問題。

富業務提示：

凡事都要把握好度，不是把產品全部的展示給顧客就能成交，一般顧客只是對其中的某一部分感興趣，這就要求你在銷售的過程中把握重點。

富業務善於消除客戶的警戒心

作為業務員，經常可以遇到下列這種情況：

「家裏有人在嗎？」

「有什麼事嗎？哦，你是××保險公司派來推銷的啊，對不起，我們已經投保××保險了。」

原來帶著笑容的顧客，臉色一下子變了。

顧客態度忽然轉變的尷尬情況是業務員經常遇到的，因此有經驗的富業務，從一開始就認識到，所有的顧客全都免不了持有一份高度的警戒心，一不小心，推銷工作就會失敗。

實例

有一位汽車推銷員，他的一個朋友對他說：「我的叔叔想要買部車子，你到我叔叔那裏去一趟好嗎？」這位推銷員一聽滿心歡喜，於是前往訪問朋友的叔叔。到了客戶家裏，沒說兩句寒暄的話就直接問：「聽說這裏要買部車子，是你嗎？」顧客一聽，幾乎倒胃，當然否認，推銷員也不得不告辭。事隔若干日，這位顧客向另一家汽車公司買了部車子。

人們最感興趣的，是人，其次是事，最後才是觀念。

本來可以順利談成的生意卻泡了湯，其主要原因就是這位推銷員忘掉了顧客的警戒心。

遇到一位初次見面的客人，寒暄完了以後，談到正題時，顧客很可能將手擺在西裝扣子上，一會兒將之扣起，一會兒解開；也可能兩手插在胸前，或者以一手握著另外一隻手。諸如此種行動，都說明了他具有頗高的警戒心。如果在對話之時，對方翹起二郎腿、背部靠在椅背上、嘴巴緊閉著彎成一條線……等等，都表示其潛在的警戒心。又如男人把身體站得挺直，女士兩手緊緊握住，這些形於外的舉止，都透露出顧客的警戒心。

富業務明白，當顧客警戒心表現得很明顯時，業務員還運用心機和他「戰鬥」的話，生意絕無成功的希望。

在這種情況下，富業務會使自己寬心，一方面也讓顧客開心。他常在寒暄後再多聊一會兒，讓顧客的緊張心情及警戒心漸漸放鬆；然後進一步讓他對自己產生好感。不這樣做的話，再怎麼費盡唇舌也沒用。

此外，推銷面談時，業務員還應注意用詞準確，尤其是一些口頭禪，如「老實說」、「但是」。聽了這些口頭禪的顧客，比較敏感的可能會鑽牛角尖。對於推銷員說「老實說」這句口頭語時，他會想：「那麼他過去所說的話全都不可信了？」或認為，「他以前講的話沒有可靠的，全是表面文章而已！」至於業務員說：「這個……但是……」這句口頭禪時，他會想，「從現在開始，此人的說法要變花樣了。」換句話說，業務員的這些口頭語，更激起了顧客高度警戒心。

在顧客已經作拒絕的準備時，顧客表現出來的舉動，很可能就是兩手抱得緊緊的，或拳頭握得緊緊的，也可能很用力地使身體轉來轉去，這就宣告失敗了。

富業務提示：

當顧客警戒心表現得很明顯，業務員還運用心機和他「戰鬥」時，生意絕無成功的希望。

人們最感興趣的，是人，
其次是事，
最後才是觀念。

富業務三秒鐘抓住顧客的心

初次推銷時，業務員對於顧客心中的想法還不知道，因而會面的開始非常重要。這時要引起顧客的注意，接著讓他產生興趣，也就是有興趣聽你說話。正如第一次與客戶見面給人的印象一樣，作為洽談開始的第一句話同樣重要，它是整個洽談過程的導線，一個好的開端是洽談成功的基礎。

一個人時時在接受周圍的各種刺激，但對這些四面八方的刺激並非一視同仁，可能對某一刺激特別敏銳、明瞭，因為這成為他一剎那間的意識中心。就是由於人類都有這種心理，所以必須把顧客的注意力集中到自己身上。

顧客的心理，會因為業務員高明的開場白而完全被掌握，換句話說，推銷員的第一句話最重要，可以有力地吸引住顧客的興趣。

實例

一個業務員對顧客說：「我想向你們介紹一下我們的無皺紋複寫紙，這是一種新產品，不知你們是否感興趣。」說完，他就著手準備做示範，向顧客證明複寫紙的品質。但是，他還沒來得及做示範，一些顧客就回答，他們不感興趣。有一些顧客出於某種禮節上的原因在繼續聽著，或者裝出一副認真聆聽的樣子，實際上腦子裏卻在想著別的事情，最終他的推銷毫無成果。

這是因為這個業務員的第一句話並沒有引起顧客的注意力，並且太過直接，這是業務員應該特別注意的地方。況且，推銷過程並非僅僅是個示範過程，它必須遵循推銷對顧客心理影響的基本程序，才能產生好的效果，即推銷過程應按以下程序發展：

- 推銷員要主動吸引顧客的注意力；
- 顧客對商品產生興趣；
- 喚起顧客購買和使用的欲望；
- 促使顧客做出購買決定並採取購買行動。

以上程序是一個漸進的過程，從業務員的第一句話開始一直延續到顧客做出決定並進行採購。因此，不好的開始，必將影響下一環的效果，進而影響整個洽談——它是非常重要的。

業務員的開場白不要犯以下的毛病：

一、與顧客謙讓而讓顧客先發言。

如果在推銷一開始顧客先開口問：「我能幫你什麼忙？」那麼，整個洽談就會走調，業務員

人們最感興趣的，是人，
其次是事，
最後才是觀念。

就失去了控制洽談的主動權，而無法按照自己的推銷思路去說服顧客。

二、與顧客海闊天空亂侃，不抓緊時間和機會進入正題。

洽談之初說點寒暄的話也未嘗不可，但這些話對推銷無根本意義，說的太多，極易影響推銷正題及洽談節奏，更浪費了顧客時間，使顧客不耐煩。

三、洽談第一句話說砸了，而使顧客對洽談毫無興趣。

有時業務員洽談的第一句話常是廢話，例如：「我來是為了……」，「我只是想知道……」，「我來只是告訴你……」，「我到這裏來的目的是……」，「很抱歉，打攪你了，但……」。

是否能讓對方從第一句話一直聽到最後一句話，取決於客戶對推銷員有沒有產生好感。富業務大多認為，應該在開始八秒鐘之內把握住顧客的心，其實這個時間愈短愈有利；只是你要抓住顧客的心，最長也不可超過八秒鐘。以下讓我們舉幾個富業務精彩開場白的例子：

「哦，你好早喲，你在洗車嗎？我是XX公司的人，今天特地來訪問你（住宅門口）」。

「哦，你好勤快喲！這麼大早就起來了。」

「現在蔬菜市價很便宜啊，用車子把它運到果菜市場去，剛剛好夠汽油錢和裝箱錢（農家門口）」。

「你好！我是XX公司。的確，跟我所聽到的是一樣的啊！」

「什麼？請再說清楚一點。」「也沒什麼啦，剛才有三位太太在講話。她們都認為你這家鋪子所賣的蔬菜，要比其他家新鮮得多！」

上面列舉的開場白適用於初次推銷時。客戶為老主顧時就無需這樣了。但偶爾為了改變氣氛，把握顧客心思起見，也不妨採取這類方式來聊天。

富業務提示：

要想使推銷洽談順利，業務員必須明白洽談開始的重要性，依照推銷的基本程序，在開場白上多思考一些。正如一篇小說精彩的開頭，將對故事的發展產生推波助瀾的作用，推銷工作也一樣。

人們最感興趣的，是人，
其次是事，
最後才是觀念。

富業務巧用示範吸引顧客

有人做過一項調查，結果顯示，假如能對視覺和聽覺做同時訴求，其效果比僅只對聽覺的訴求要大八倍。業務人員使用示範，就是用動作來取代言語，能使整個銷售過程更生動，使整個銷售工作變得更容易。

富業務明白，任何產品都可以拿來做示範。而且，在五分鐘所能表演的內容，比在十分鐘內所能說明的內容還多。無論銷售的是債券、保險或教育，任何產品都有一套示範的方法。他們把示範當成真正的銷售工具。

示範為什麼會具有這麼好的效果呢？因為顧客喜歡看表演，並希望親眼看到事情是怎麼發生的。示範除了會引起大家的興趣之外，還可以使你在銷售的時候更具說服力。因為顧客既然親眼看到，所謂「眼見為實」，腦子裏也就會對你所推銷的產品深信不疑。

窮業務常常以為他的產品是無形的，所以就不能拿什麼東西來示範。其實，無形的產品也能示範，雖然比有形產品要困難一些。對無形產品，你可以採用影片、掛圖、圖表、相片等視覺輔助用具，至少這些工具可以使業務人員在介紹產品的時候，不顯得單調。

富業務一般都喜歡使用紙筆。他們都隨身攜帶紙筆，知道如何畫出圖表、圖樣或是簡單的圖像來加強說明自己的論點。你還可以把你的產品的好處寫下來，或者和別的產品的好處相對比，你說明的內容就會一目了然。

富業務是怎樣使他們的示範發揮最大的效用的呢？

先把示範時所用的臺詞寫下來。除了如何講、如何表達之外，還有動作的配合，有些地方可能沒有臺詞，只有動作，顧客順便可以鬆一口氣。

要預先練習。把設計好的整個示範過程反覆演練。請你的家人、同事或營業部經理來觀看，提出意見。要一直演練到十分流利和逼真，而且使觀眾覺得很自然為止。

要隨時記住「給顧客帶來的好處」。要以顧客為核心，讓他明白你的產品究竟會帶給他什麼好處。

示範的時候，要用你的產品去迎合顧客的需要，而不是要求顧客去順應你的主張。

儘量讓顧客參與示範。柯達公司常囑咐自己的業務人員：「要把相機遞給顧客，好讓他們自己親自查看我們的產品。」

在顧客開始厭倦之前就把產品拿開，這樣可以增強顧客想要擁有這個產品的欲望。

在展示說明的時候，要讓顧客同意你所提到的每一項產品好處。

操作產品的時候，要表示出珍重愛護的態度。像鞋店的銷售員拿鞋出來給顧客試穿之前，要

人們最感興趣的，是人，
其次是事，
最後才是觀念。

把鞋子擦亮；珠寶商將展示的珠寶放在天鵝絨上面等。假如你的產品十分輕巧，拿的時候要稍微舉高，並且慢慢旋轉，好讓顧客看得清楚。要不時對自己的產品表示讚賞，也讓顧客有機會表示讚賞。

要在示範中儘量使用動作。別只是展示你的機器——要操作機器給對方看；別只是展示圖表——要當場畫給對方看。

假如你的產品無法展示出來給大家看，可以打個比方或使他聯想，使他能獲得生動的理解。

也許你的商品很普通，但你如果能用示範動作將商品的使用價值栩栩如生地介紹給客戶，也一定會引起其注意。

舉個例子，當你向客戶推銷太陽傘的時候，你乾巴巴地說上半天，倒不如輕鬆地將傘打開，扛在肩上，再旋轉一下，充分地展示出傘的風采，會給客戶留下很深的印象，進而對你的商品產生好感。

如果你能用新奇的示範動作來展示你很平常的商品，那麼效果就會更好。例如，你在推銷一種油污清洗劑，一般的示範方法，是用你推銷的清洗劑把一塊髒布洗淨。然而如果一改常態，先把穿在你身上的衣服袖子弄髒，然後用你的清洗劑洗淨，那麼這樣示範的效果當然同前者不大一樣。

如果你所推銷的商品具有特殊的性質，那麼人的示範動作就應該一下子能把這種特殊性表達出來。例如你在推銷一種十分結實的鋼化玻璃酒杯，你可以讓酒杯互相碰擊而不會破碎；同時，你再向客戶說明這種酒杯特別適合野餐使用，他們便不會感到吃驚。

富業務提示：

好產品不但要辯論，還需要示範，一個簡單的示範勝過千言萬語，其效果可讓你在一分鐘內，做出別人一星期才能達成的業績。

人們最感興趣的，是人，
其次是事，
最後才是觀念。

富業務與客戶同步思維

根據心理學的研究，人與人之間親和力的建立是有一定技巧的。我們並不需要與他認識一個月、兩個月、一年或更長的時間才能建立親和力。如果方法正確了，你可以在五分鐘、十分鐘之內，就與他人建立很強的親和力。富業務懂得，其中一個特別有效的方法是：在溝通時與對方保持精神上的同步。

首先是情緒同步，也就是你能快速地進入客戶的內心世界，能夠從對方的觀點、立場看事情、聽事情、感受事情，或者體會事情。做到情緒同步最重要的是「設身處地」這四個字。

許多窮業務也明白，每天都要保持活力，要有自信心，笑容常掛在臉上，碰到客戶一定要興奮，要有活力，一定要保持笑容。可為什麼有時不奏效呢？富業務會告訴你，因為你所碰到的對象，未必也是常常笑容滿面、很興奮、很有行動力的人。當同一個客戶談事情，發現這個客戶比較嚴肅、循規蹈矩、不苟言笑，若要和他建立親和力，你需要和他在情緒上比較類似。假設碰到另一個人，他比較隨和，愛開玩笑。你在情緒上也要和他同步，同他一樣比較活潑，比較自然。

另外在語調和速度上也要同步。這要求先學習和使用對方的表像系統來溝通。

所謂表像系統，分為五大類。每一個人在接受外界訊息時，都是透過五種感官來傳達及接收的，他們分別是視覺、聽覺、觸覺、嗅覺及味覺。而在溝通上，最主要的乃是透過視、聽、觸三種管道。由於受到環境、背景及先天條件的影響，每一個人都會特別偏重於使用某一種感官要素來作為頭腦接收處理訊息的主要管道。

第一種，視覺型的人。

這種人的頭腦在處理資訊的時候，大部分透過視覺畫面的儲存來處理。所以，視覺型的人特別容易回憶起圖像或在頭腦裏看到的畫面。因為視覺圖像的變化速度一般較說話速度快，所以視覺型的人說話為了能跟上頭腦的圖像變化速度就會比較快。視覺型的人第一個特徵是說話速度快。第二個特徵是音調比較高。因為通常當一個人說話速度越快，相對的音調也就比較高一些了。第三個特徵是胸腔起伏比較明顯。第四個特徵是形體語言比較豐富。

第二種，聽覺型的人。

這種人的頭腦在處理資訊的時候，大部分透過聲音來處理，聲音變化沒有視覺畫面變化快。相對來講，聽覺型的人比視覺型的人講話速度慢，比較適中，音調有高有低，比較生動。聽覺型的人對聲音特別敏感。另外聽覺型的人在聽別人說話時，眼睛並不是專注地看對方，而是耳朵偏向對方的說話方向。

**人們最感興趣的，是人，
其次是事，
最後才是觀念。**

第三種，感覺型的人。

與以上兩種人都不同。感覺型的人第一個特徵是講話速度比較慢。第二個特徵是音調比較低沉、有磁性。第三個特徵是講話有停頓，若有所思。第四個特徵是聽人講話時，視線總喜歡往下看。

對不同表像系統的人，富業務會使用不同的速度、語調來說話，換句話說，就是用客戶的頻率來和他溝通。以聽覺型的人為例，如果你想和他溝通或說服他去做某件事，但是卻用視覺型極快的速度向他描述恐怕收效不大。相反的，你得和他一樣用聽覺型的說話方式，不急不緩，用和他一樣的說話速度和語調，他才能聽得真切；否則你說得再好，他也是聽而不懂。再以視覺型的人為例，若你以感覺型的方式對他說話，慢吞吞而且不時停頓地說出你的想法，不把他急死才怪。

所以富業務對不同的客戶會用不同的說話方式，對方說話速度快，他就跟他一樣快；對方說話聲調高，他就和他一樣高；對方講話時常停頓，他就和他一樣也時常停頓，這樣才不會出現「各說各話」的尷尬情景。因為能做到這一點，所以富業務很容易和客戶之間形成極強的親和力，對各種客戶應付自如。

富業務提示：

要想快速地進入客戶的內心世界，就要從對方的觀點、立場看事情、聽事情、感受事情，或者體會事情。做到與客戶情緒同步最重要的是「設身處地」這四個字。

窮業務被顧客牽著鼻子走

富業務有這樣的思想：我是整個洽談的主角，我要以自己的思路去引導顧客。當然，這並不是說要求業務員露出狂傲的面目，語言粗野蠻橫，這樣只能適得其反。真正的引導方式是不露聲色，柔和委婉的。

業務員應切忌唯唯諾諾，聽任顧客，對顧客的觀點一味贊同，總是讓顧客牽著自己的鼻子走，而對顧客卻不敢或不願說出半個「不」字。這樣洽談的結果，業務員不僅不能向顧客宣傳，說服顧客，相反的，只會任由顧客將洽談引入失敗的死胡同。請看下面的一段對話。

實例

「你拿來的這些作品多是風景畫，雖然恬靜明快，卻缺少豪華氣氛。」

「是的，我們的畫以自然風光為主，所以大都平靜淡雅。」

「你的作品中也反映不出現代氣息。」

「是的，自然風景畫很難表現出現代氣息。」

「我覺得你帶來的繪畫作品與我們賓館的風格不一致，我們這裏從建築到室內傢俱和陳設都很豪華、很洋氣、很現代化，掛上你帶來的畫不協調。」

「這……是有點不協調。」

這樣的洽談，其結果是註定要失敗的。

窮業務往往在洽談伊始，不注意引導，而使顧客說了「不」，進而使洽談一開始便處於顧客的否定之中，為說服顧客設置了障礙。業務員應該注意到一點：一個人在拒絕了某件事以後，叫他馬上改變主意相對而言是比較困難的。這是由於人都有一種堅持自己的意願的天性。特別是顧客在面對業務員時尤其如此。因此，精明的業務員絕不會在顧客還沒有瞭解產品之前就對潛在的顧客說出「不」之類非常硬性的拒絕詞語，而是巧妙地引導，按部就班地進行推銷工作，把顧客從拒絕的心態（注意，沒有說出不）不著聲色地轉變為接受心理。

就像負責的老師一樣，業務員應牢記客戶的最佳利益，「教育」他們能從產品中獲得什麼好處，然後「指導」他們作出購買決定。當一位能幹的業務員出色地實施了這種控制技巧的時候，他就是為客戶提供了優質服務；不僅如此，還能讓客戶欣賞這樣的行為。

就像教授給學生授課一樣，業務員說：「在過去幾年中，保險業發生了很多變化。如果你不介意的話，我想花幾分鐘時間簡單回顧一下我認為與你有關的情況……」以此作為開篇，他就可以接著解釋客戶能從人壽保險中得到什麼樣的好處，客戶為什麼應該購買分期保險等等。「現在，

人們最感興趣的，是人，
其次是事，
最後才是觀念。

讓我告訴你一些重要的稅率變化，我相信它對你有所幫助。」業務員接著說。

在隨後的推銷中，他又說：「我想問你幾個問題，以使我能更多地瞭解你，並且提出我的建議。」他的問題可能就像這樣：「你的工作性質是什麼？」、「你的年收入大致多少？」、「你對孩子的教育有什麼計畫？」或者「在過去的五年裏，你看醫生一般是出於什麼原因？」

注意，在提問的時候，業務員要揭示、啟發客戶輕鬆對待你的口試。這種運用得當的控制技巧代表著一種高水準的專業推銷能力。

你必須事先充分瞭解自己的生意，要不然，客戶就會明顯地感到你簡直毫無準備。胸有成竹不僅可以使你贏得客戶的尊敬，而且有助於更好地掌握推銷控制權：記住，人們只會更尊敬那些深諳本職工作的業務員。

比如，房地產經紀人不必去炫耀自己比別的任何經紀人更熟悉市區地形。事實上，當他帶著客戶從一個地段到另一個地段到處看房的時候，他的行動已經顯示了他對地形的熟悉。當討論到抵押問題時，業務員所具備的財會專業知識也會使客戶相信自己能夠獲得優質的服務。當你透過豐富的知識使自己表現出自身的權威性，你就能得到回報。

業務員要想使自己說出的話透出權威的氣息，就不僅應當瞭解產品知識，而且應當具備法律與稅務方面的背景知識。因為推銷產品常常會涉及很多問題，如房產計畫、合作者之間的買賣協議等等，所以推銷員具備上述領域的知識和能力是至關重要的。尤其是老練的客戶，他們更看重

人們最感興趣的，是人，其次是事，最後才是觀念。

業務員的敏銳眼光，並且依賴於業務員的權威意見，進而決定怎樣買，買多少。

不管你推銷什麼，人們都尊重專家型的業務員。如果你是，客戶會耐心地坐下來聽你說那些想說的話。這也許就是創造條件、掌握銷售控制權最好的方法。

因此有的業務員利用誘人的頭銜把自己打扮成一個專家，他們的商業名片上沒有「業務員」的字眼，卻把自己稱為什麼諮詢專家、管理員、顧問等等。有時候，很多人，包括那些剛出道的業務員，都在自己的名片上印著「副總裁」的頭銜。雖然那些言過其實的證件能夠讓你有機會踏進客戶的門檻，但是客戶發現你到底知多知少只是一個時間問題。

有時，你還能看到一位業務員領著上司再次去拜訪客戶。如果來人名副其實的話，客戶不僅願意傾聽，而且願意作出購買決定。

高明的談判人員常常會假裝被對方「俘虜」，然後作出一副吃虧讓步的樣子。在推銷中同樣有這個問題。你要讓客戶感到他們好像贏了幾分，這樣他們都能狀態良好，感覺放鬆。相反的，要是你老想壓著對方，每次都只說「是」的話，他們就會想盡方法勝過你。讓他們說幾句得意的話不僅無礙大局，而且能夠使你取得更多的信任票。

富業務提示：

業務員應切忌唯唯諾諾，聽任顧客，對顧客的觀點一味贊同，總是讓顧客牽著自己的鼻子走，而對顧客卻不敢或不願說出半個「不」字，這並不是成功交易的基礎。

第六章：情感法則

富業務推銷自己重人情，
窮業務推銷產品重利益。

窮人脫胎換骨發展委員會

富人俱樂部招考辦公室

人們最感興趣的，是人，
其次是事，
最後才是觀念。

富業務讓顧客感受溫情

信心是富業務的制勝法寶，但不要過於自信而自負，那樣就顯現的比別人都高一等，反倒不利於自己的銷售活動。有很多時候，要讓顧客比你好，讓顧客覺得自己很重要，抬高他的身價。

玫琳凱化妝品公司的創始人玫琳凱・艾施在她的暢銷書《玫琳凱論人事管理》裏面寫道：「每個人都與眾不同。我真的相信這一點。我們每個人都會自我感覺良好，但我認為讓別人也這麼想同樣重要。無論我見到什麼人，我都竭力想像他身上顯現一種看不見的信號：讓我感覺自己很重要。我立刻就對此做出反應和表示，於是奇跡出現了。」

這就難怪玫琳凱能夠成為美國歷史上成功的女商人之一。她懂得如何讓別人自我感覺良好，進而達到推銷的目的。

沒有人喜歡在別人的面前顯得地位低微，即使是在做一件不太大的事情，你也要看到他做的事情的重要性。因為任何事情都會有智慧的亮點，你要善於抓住那些亮點。

這實際上就是去設法讓人們知道你對他們真的很感興趣。下面是富業務的經歷。

實例一

當一位滿身塵土、頭戴安全帽的顧客走進店裏，業務員就對他說：「嗨，你一定在建築行業工作吧！」很多人都喜歡談論自己，於是業務員儘量讓他無拘無束地打開話匣子。

「您說得對。」他回答道。

「那您負責什麼？鋼材還是混凝土？」業務員又提了個問題想讓他談下去。兩個人就這樣聊了起來。

還有一個業務員問一位顧客做什麼工作時，他回答說：「我在一家螺絲機械廠上班。」

「那您每天都做些什麼？」

「造螺絲釘。」

「真的嗎？我還從來沒見過怎麼造螺絲釘。哪一天方便的話，我真想上你們廠看看，您歡迎嗎？」

業務員做的只是讓他們知道他重視顧客們的工作。或許在這之前，從未有誰懷著濃厚的興趣問過他這些問題。

等到有一天業務員真的去工廠拜訪那位顧客的時候，那位顧客喜出望外。他把業務員介紹給年輕的工友們，而業務員則趁機送給每人一張名片。正是透過這種策略，富業務獲得了更多的生意。

人們最感興趣的，是人，
其次是事，
最後才是觀念。

富業務也讓每一位接觸他的客戶感到心滿意足，就像客人心滿意足地離開那些大飯店一樣。

再看看下面富業務的經歷，他是汽車推銷大師——吉拉德。

案例二

有一位中年婦女走進吉拉德的汽車展銷室，說她只想在這兒看看車，打發一會兒時間。她說她想買一輛福特，可大街上那位推銷員卻讓她一小時以後再去找他。另外，她告訴吉拉德她已經打定主意買一輛白色的雙門箱式福特轎車，就像她表姐的那輛。她還說：「這是給我自己的生日禮物，今天是我五十五歲生日。」

「生日快樂，夫人。」吉拉德對她說。然後，他找了一個藉口說要出去一下。等他返回的時候，他對她說：「夫人，既然您有空，請允許我介紹一種我們的雙門箱式轎車——也是白色的。」

大約十五分鐘後，一位女秘書走了進來，遞給吉拉德一打玫瑰花。「這不是給我的，」他說，「今天不是我生日。」他把花送給了那位婦女。「祝您生日快樂，尊敬的夫人。」他說。

那位婦女很受感動，眼眶都濕潤了。「已經很久沒有人給我送花了。」她說。

閒談中，她講起她想買的福特。「那個推銷員真是差勁。我猜想他一定是因為看到我開著一輛舊車，就以為我買不起新車。我正在看車的時候，那個推銷員突然說他要出去收一筆欠款，叫我等他回來。所以，我就上你這兒來了。」結果是，她最終並沒有去買福特，而是從吉拉德這裏買了一輛雪弗萊，並且寫了一張全額支票。

這個小故事是不是給你一些啟發呢？當你讓客戶感到很受重視的時候，他們甚至願意放棄原來的選擇，轉而購買你的產品。窮業務和富業務對待顧客的不同態度帶來的是多麼迥然不同的結果！

富業務提示：

對每個人都重視，並養成一個良好的習慣，你就會發掘出更多的潛在顧客。沒有人不喜歡別人的尊重，尊重的作用是相互的，你在尊重別人的同時，可能一個潛在的客戶就產生了。

人們最感興趣的，是人，
其次是事，
最後才是觀念。

富業務是顧客信任的朋友

在充滿權謀術數的社會中，我們可以看到各色各樣的手段：工作上的手段、人際關係上的手段，甚至愛情上的手段等。這些手段或許可以收穫一時的成效，但是絕不可能長期奏效。因而富業務都具備誠信的品質，真誠面對自己，真誠面對別人。

按照美國推銷大師吉拉德的「二五〇定律」統計，任何一個人都有二五〇個朋友，得罪了他，就得罪了他的二五〇位朋友，二五〇個朋友中每人還有二五〇個朋友，如此算下去。你得罪的人數簡直是讓你自己都感到恐懼，而你的損失更是無法估量。並且也給你的公司造成了一筆很大的損失。

試想一下，為什麼你喜歡某些人，而不喜歡另一些人？這就和喜歡向某些人買東西，不喜歡向某些人買東西的理由是一樣的。你要作你顧客的朋友，要變成他可以信任的好朋友。

對於一個業務員來講，顧客就是上帝，顧客有權拒絕。然而，當富業務帶著一個實在的產品，一次次真誠地拜訪，最終總能贏得顧客的信賴。當然了，靠說謊、故弄玄虛進行推銷，誹謗貶低其他公司，不僅不可能得到顧客的信賴，反而難免顧客的輕蔑與訓斥。即使顧客一時受騙，也僅僅一次而已，絕不會持續長久的。

客戶的信任是再次做成生意的基礎。在一項調查中，九%的受訪者認為可靠性是他們選擇交易夥伴中極度重要的因素。你的產品並不一定要是最高品質或者最具特色的，你只要做到言而有信即可。

相類似，你所提供的服務並不一定是最快的，只要它在你許諾的時間內及時提供給客戶即可，千萬不要言過其實。誠實反映在你與客戶交往中的率直上，不要做出違心的許諾。誠實也許會帶來眼前的一些損失，但是，你會因此而建立起長期的信任。

你是否曾經從一個連你都不信任的人那裏買過東西呢？恐怕很少。你的客戶也是如此，建立良好的信譽十分重要。如果你擁有可靠性、誠實、真摯，那麼你很容易建立起良好的信譽。這種信譽是透過坦誠的工作、謹慎地履行職責和許諾，以及提供更為優質的服務等方面樹立的。

業務員在宣傳產品的售後服務時，切忌有一點，就是為拉攏生意而給客戶許下許多事後不能履行的諾言和服務。這樣，這次業務員也許售出了產品或接到了訂單，但客戶卻因此蒙受了損失，你就永遠失去了與他下一次的合作。

所以業務員在進行這些承諾時應實事求是，用你的實際行動而不僅僅是你的口頭承諾滿足顧客。

**人們最感興趣的，是人，
其次是事，
最後才是觀念。**

富業務提示：

靠說謊、故弄玄虛進行推銷，誹謗貶低其他公司，不僅不可能得到顧客的信賴，反倒遭到顧客的輕蔑與訓斥。即使顧客一時受騙，也僅僅一次而已，絕不會持續長久的。

窮業務忽視客戶的感受

窮業務在與客戶交談中，往往由於疏忽而犯下不尊重客戶的錯誤。比如有一次，在大街上，有一大群人正圍著一名業務員看他示範如何使用最新的廚房用具，那位業務員口才很好而且講話十分清晰流暢。有時候，他還說些幽默的俏皮話，令大家哈哈大笑一番。他的示範很具有說服力，圍觀的人都不願離去。

無疑，這個業務員的產品示範是很成功的，他的每一句話幾乎都可以營造出他所想要的結果。可以看出他是這一行的好手。

慢慢地，他終於提到了價錢這個部分，而許多家庭主婦們也已準備掏腰包買他的產品了。但是，這位仁兄卻突然說了一句話，使得他前功盡棄。他說：「幾分鐘之前，那位身材胖胖的女人買了四件這個產品（他指的那位太太正站在離攤位不遠的地方），各位先生、女士，那個女人就是因為相信我的產品實在很好，所以她還幫她的親戚買了一些呢！」

碰巧的是，圍觀的人群中正好有幾位體型稍為肥胖的婦女。其中有一位聽到那位業務員的話之後，立刻說道：「這個業務員有什麼權利說你的顧客胖？你真是太沒有禮貌了！」接著她們又

人們最感興趣的，是人，
其次是事，
最後才是觀念。

繼續說道：「年輕人，你的態度真是太差了。」其他在場的婦女們一聽，也相繼發表自己的意見來聲援剛才發言的婦人。事情於是愈演愈烈，而且有一發不可收之勢，接下來，人群開始漸漸散去。

所以，一名業務員一定要小心自己的遣詞用句，因為有些人是很敏感的。星星之火可以燎原。身為一名業務員絕不能輕易忽視別人的感受，時時不能忘記措辭得體的重要。

富業務提示：

不要使用下列應該避免使用卻經常被使用的詞語：死亡、責任、合約、不好的、有責任的、徵兆、賣、失敗、嘗試、負債、擔憂、決定、價格、損失、成交、嚴格的、費用、傷痛、困難的、付錢、購買。

富業務從不說有損客戶的話

會下象棋的人都知道，在什麼時候應該給對手將一軍，這是個把握火候的關鍵一步，將的早了，沒有給對手帶來威脅，反到暴露了自己的心跡，將的晚了，對手已經有了足夠的準備，形成了嚴密的防範意識，你也會前功盡棄。

富業務與顧客進行推銷洽談，最善於將顧客的軍，給顧客施加適當的壓力，這樣有時也能使顧客馬上做出決定，進而採取採購行動。

但有些業務員往往對「將軍」的方式、方法不講究，沒有把握火候，甚至是過了火，他們往往認為不把話說得厲害點，顧客就不會為之所動，這樣的「軍」將的就會適得其反。

他們在洽談之中，或隨意品評顧客在購物、消費方面的作法和方式；或諷刺、嘲笑顧客的觀點；或隨意恐嚇顧客。以此作為「將顧客一軍」之招術。實踐證明，這樣做不僅於洽談無助，相反的，容易傷害顧客的自尊，或者引起顧客反感，或令顧客更加無所適從，使洽談無法再進行下去。

舉個例子，如果你是一名服裝推銷員，有一位客戶走進了你的店門。你發現他身上穿著一件

人們最感興趣的，是人，
其次是事，
最後才是觀念。

很舊的外套，你就想賣給他一件新外套，看著他身上的舊外套，你心裏一定在想：「這人怎麼還穿這種衣服？這還是好幾年以前流行的款式，他居然穿了這麼多年，這衣服真該當抹布使用了。」你心裏這樣想，但嘴上不能這樣說，如果你實話實說，那說明你是一個窮業務，而不是富業務。

如果你是一名汽車推銷員，當客戶問你他那輛舊車可以折合多少錢時，你心裏想的也許是：「這種破車還能值幾個錢？」這可能是大實話，但這種大實話你不能說，因為這是客戶的車，他可能很愛這輛汽車，畢竟他開了這麼多年，多少總會有點感情。即使他不喜歡這輛車，也只有他才有資格來批評這輛破車。如果你開口說這輛汽車如何如何的糟糕，這無疑是在侮辱汽車的主人，不知不覺中已經傷害了他的自尊心。顧客在心理不舒服的情況下，還會買你推銷的東西麼？

實例

約翰的車已經用了十幾年了，最近有不少業務員向他推銷各式車子，他們總是說：「您的車太破了，像這樣的破車容易出車禍的……」或者說：「您這破車三天兩頭就得修理，修理費太多了……」約翰卻執意不買新的。

有一天，一位中年業務員又向約翰推銷，他說：「您的車還可以再用幾年，換了新車太可惜。不過，一輛車能夠行駛十二萬英里，您開車的技術的確高人一籌。」這句話使約翰覺得很開心，他即刻買下了一輛新車。這無疑是一位懂得語言藝術的富業務。

富業務提示：

業務員對顧客施加壓力，必須適當。切忌加壓過度，這樣會使洽談結果適得其反。記住，永遠不能說貶低客戶的話。

人們最感興趣的，是人，
其次是事，
最後才是觀念。

當業務切忌跟顧客斤斤計較

在商業界，任何交易都應該是公平的，互惠互利的，推銷無疑也應該遵守這個原則。但有的窮業務在與顧客洽談時，對自己一方的利益總是斤斤計較，有時為了跟顧客爭些蠅頭小利，不惜拚上一切，往往犯了因小失大的錯誤。

實例

有家只有五個人的美國公司，經營一種自己研製和生產的草坪除草機，同時向顧客開展上門保養草坪業務，但是他們的業務一直不景氣。這家公司是這樣推銷的：

「護理價格當然不能改變，因為我們的機器在美國也是唯一的，用它絕不會給草坪造成任何損害。草坪用藥全由我們公司負責提供（當然費用要由顧客出），因為我們有自己一套護養草坪的方法，照料時間也由我們定，因為我們知道什麼時候對草坪修剪和施肥最適合……」

顧客當然不願全盤接受別人的條件，比如有人願意只請他們來修剪草坪，但由自己護理；有人願意自己選擇可心的藥物和肥料；有人願意自己在家時看著他來護理草坪，而不是在家裏無人時進行。

顧客提出的要求推銷員都予以否定，可是顧客怎能一味認可別人的條件呢？結果每次推銷洽談自然以失敗告終。

業務員應該靈活把握各種讓步技巧，而不是生硬地一概拒絕顧客提出的要求。這可以從兩點下手：

第一，著眼大局。如果「丟了芝麻，卻撿了西瓜」，對企業是合算的，總比業務員為爭蠅頭小利而導致失去顧客要強百倍。

第二，適當補償。以推銷員的讓步作為條件，提出能讓顧客接受的相應的補償方案，以彌補自己的損失。如同意顧客降價的要求，但說明必須購買更多產品才行。

總之，業務員斤斤計較的推銷方式換來的只能是推銷活動的失敗。放棄蠅頭小利，顧全大局，才是一個成功的富業務應該具備的氣魄。

富業務提示：

對利益總是斤斤計較，有時為了跟顧客爭些蠅頭小利，不惜拚上一切，往往犯了因小失大的錯誤。

人們最感興趣的，是人，
其次是事，
最後才是觀念。

成交並非富業務工作的結束

窮業務認為成交是推銷的終點，以為成交了就等於劃了一個圓滿的句號，就萬事大吉了。其實不然，經驗豐富的富業務不把成交看成是推銷的終點站。富業務認為，若能在六十天之內去拜訪客戶一次，那麼非但可以使客戶購買原來他所推銷給他的貨品，還可使客戶向他購買所需的其他商品，而不會去向他的競爭者去買。

從中我們可以看出經常訪問客戶的重要。每個成功的富業務，對於其推銷地區內每個客戶的情況，都保存有一份詳盡的最近記錄。他時常自己檢查自己，是否有在最近六十天內尚沒有訪問的客戶。然後他規定時間，制定表格，按時前往訪問。

當人們閒談購買汽車時，常常可以聽到這樣的話：「我再也不要這種汽車了，它那制動器實在不太靈。」一般人聽到了這句話一定會記住，有機會還會傳出去。但是這句話可能只是偶然產生的：也許是經銷商在汽車離開其辦事處前，沒有好好地檢驗；也許是由於那制動器不靈了一次，而被技術不好的機械工修理壞了。結果呢，這人和他們的朋友，以及他朋友的朋友以後再也不買這種汽車了。

這對業務員無疑是很大的損失。而富業務會儘量避免這種情況，不斷設法增加從每個客戶身上所獲得的交易數量。要達到這個目的，就要設法明瞭客戶所喜歡採取的方法與程序，以及所需要的貨品。

讓我們看看汽車推銷大王吉拉德是怎樣做的。

實例

推銷成功之後，吉拉德需要做的事情就是，將那客戶及其與買車子有關的一切情報，全部記進卡片裏；同時，他對買過車的人寄出一張感謝卡。很多推銷員並沒有這樣做，所以，吉拉德的這種行為令買主印象深刻。

不僅如此，吉拉德在成交後依然站在客戶的一邊，他說：「一輛新車子出了嚴重的問題，客戶找上門來要求修理，有關修理部門的工作人員如果知道這輛車子是我賣的，那麼他們就應該立刻通知我。我會馬上趕到，設法安撫客戶，讓他先消消氣，我會告訴他，我一定讓人把修理工作做好。讓你一定會對車子的每一個小地方都覺得特別滿意，這也是我的工作。沒有成功的維修服務，也就沒有成功的推銷。如果客戶仍覺得有嚴重的問題，我的責任就是要和客戶站在一邊，確保他的車子能夠正常運行。我會幫助客戶要求進一步的維護和修理，我會與他共同戰鬥一起去對付那些汽車修理技工，一起去對付汽車經銷商，一起去對付汽車製造商。無論何時何地，我總是要和我的客戶站在一起，與他們同呼吸、共命運。」

吉拉德將客戶當做是長期的投資，絕不賣一部車子後即置客戶於不顧。他本著來日方長、後會有期的意念，希望客戶為他輾轉介紹親朋好友來車行買車。或客戶的子女已成年時，將車子賣給其子女。賣車之後，他總希望讓客戶感到買到了一部好車，而且能永生不忘。客戶的親戚朋友想買車時，首先便會考慮到找他。這就是他的最終目標。

車子賣給客戶後，若客戶沒有任何聯繫的話，他就試著不斷地與那位客戶接觸。打電話給老客戶時，他開門見山便問：「以前買的車子情況如何？」通常白天電話打到客戶家裏，來接電話約多半是客戶的太太，她大多會回答：「車子情況很好」；他還問：「有任何問題沒有？」順便向對方提醒，在保修期內該將車子仔細檢查一遍，而且在這期間送到這裏修是免費的。

他也常常對客戶的太太說：「假使車子振動厲害或有任何問題的話，請送到這兒來修理，請您也提醒您先生一下。」

吉拉德說：「我不希望只推銷給他這一輛車子，我特別愛惜我的客戶，我希望他以後所買的每一輛車子都是由我推銷出去的。」

富業務提示：

千萬不要以為成交就是銷售的結束，這只是服務的開始，為了結識更多的客戶，一定要在成交結束後，對客戶進行回訪。

人們最感興趣的，是人，
其次是事，
最後才是觀念。

富業務不被發火的顧客所左右

發怒的顧客大多表現為大喊大叫，吹毛求疵，貶低他人。推銷員與顧客談生意時，必須注意自己的立場、觀點，不要被發怒的顧客所左右。

心理學家研究發現，顧客發怒的原因有以下三點：

其一、感覺上當。

一個人感到上當後會有一種報復心理，有的在難過之餘感覺自己也有不對的地方，但是希望以後再也不與之來往。

其二、內心不安。

比如顧客開始很信任推銷人員，但是業務人員長期失信導致顧客很不安，再和業務人員說話時就會顯示出非常迫切的心情，當然也就來不及考慮對業務人員的態度了。

人們最感興趣的，是人，
其次是事，
最後才是觀念。

其三、感到失望。

每一位顧客都希望賣方或者業務人員對他們負責，並滿腔熱情地為他們辦事。但是如果推銷人員不能滿足顧客的條件又未取得顧客的諒解或者將約定的事忘了的話，顧客就會認為業務人員無誠意而深感失望，再做說明時，顧客的態度也不會好了。

業務員在推銷中，顧客發怒的現象是很少見的，但也有可能遇到。那麼，如何才能平息顧客的怒火呢？

缺乏經驗的窮業務經常採取以下辦法來處理客戶的發怒，結果是火上澆油，不但沒有平息反而使顧客更加生氣：

一味地道歉

道歉是必要的，但一味地道歉不但無助於平息顧客的憤怒，有時反而會更加激怒顧客。因為顧客需要的畢竟不是道歉，而是令其滿意的處理結果。

告訴顧客：「這是常有的事」

告訴他這並不稀奇，是常有的事，其他公司也經常發生等，不但不可能達到減輕問題的嚴重性，而且還會使顧客感到受到輕視而更加憤怒，進而失去了對該企業的信賴。

言行不一

業務員的言語與態度、行動，必須做到一致。否則令顧客以為企業方面缺乏解決問題的誠意而更加憤怒。

吹毛求疵，責難顧客

一些業務人員面對憤怒的顧客，本能的反應是「戰勝」對方。他們努力抓住顧客申訴中的細枝末節問題，迴避主要的問題和企業的責任，一味在無關緊要的事情上挑顧客的毛病，責難顧客。而顧客依然繼續抓住自己「有理」的一點，雙方各執一詞，無休止爭論。這只能是適得其反的做法。

轉嫁責任

作為企業的一員，對於顧客的憤怒，決不可漠不關心，即使這一問題確實不由你的部門負責。在顧客眼中，任何一位員工都是企業的代表，都有協助他的義務。也不能將產品責任轉嫁到生產企業身上，因為顧客會認為該商場（店）忽視進貨品質而失去對企業原有的信賴感。所以要幫助企業解決問題，不要擺出試圖轉嫁責任的姿態。

立刻與顧客擺道理

處於憤怒狀態下的顧客，其邏輯性的思考能力很低，如果這時候立刻與顧客擺道理，那麼一

人們最感興趣的，是人，
其次是事，
最後才是觀念。

定會遇到顧客本能的抵抗而使談話毫無結果，甚至使顧客變得越來越憤怒。

著急得出結論

在處理顧客抱怨的初期階段，不論面對什麼樣的具體問題，都不要急著下結論。在事實不夠清楚時，匆忙得出的結論，要麼會使顧客因你誤解了他的意思而更加憤怒，要麼使顧客產生對處理結果的不切實際的期待，給以後的實際處理帶來困難。

中斷或改變話題

本來就處於激憤狀態的顧客對於業務人員隨意打斷其發言、顧左右而言他的不禮貌行為，其反應會更加激烈。正確的做法是讓對方儘量傾訴，即使時間長也在所不惜。

過多使用專門用語和術語

有些業務人員試圖以此來表示自己比顧客在這方面懂得更多，這是迷失目標的盲目作法。因為雙方用語不同，就無法良好溝通，更無積極結果，只能是自設障礙。它在一定程度上使顧客認為業務人員心中輕視顧客，給顧客以「故意捉弄，甚至挖苦人」的印象。

裝傻乞憐

即列舉自己的缺點，如「對工作不熟練」、「剛剛來到這家公司」、「這件事如果給經理知道了，我就可能被辭退」等，以乞求憐憫。即使有時有一定效果，但無助於從根本上解決問題。或許顧客會對你產生同情憐憫，但顧客不會感到滿意，因為問題並未解決。

與顧客爭論

在發怒的顧客面前，以辯論解決問題的辦法是很難行得通的。僅有表現欲、辯論欲強的業務人員傾向於全力以赴地說服顧客。面對憤怒的顧客，再偉大的辯手也無法成功，因為顧客不願意聽你的辯詞。相反的，顧客會覺得你不願意為他們解決問題。

富業務對於發怒原因明確的顧客，會親自與之面談，然後在見面時表現出積極地解決問題的態度，以誠感，人彌補以前的過失。一旦顧客被你的誠心誠意重新感動，問題也就算解決了。另外，如果雙方之間有約定，他也一定會去履行。

對於顧客的責罵，富業務會接受這一事實，瞭解對方的立場，並從對方的立場出發，依照責罵的理由認真反省自己，做到「有則改之，無則加勉」。他們絕不逃避現實，或者強詞奪理與對方爭辯，以期望能不追究自己的過錯或減輕自己的責任。因為越爭辯，越讓對方感到你沒有誠意，是故意與他作對，顧客就會越罵越上火，很可能不歡而散。富業務會坦白道歉，以誠意反省換取顧客諒解，這就很可能使顧客滿意，使生意順利展開並獲成功。

**人們最感興趣的，是人，
其次是事，
最後才是觀念。**

富業務提示：

平息顧客怒火最重要的技巧是以尊敬與理解的態度正確看待顧客的憤怒。

富業務建立好感之後談生意

如果你能與準客戶建立情誼，他們會喜歡你，信任你，並且向你購買。每個從事銷售的人都會唱羅傑斯與漢姆斯丹的經典之作：「認識你。認識你的一切。」你所唱的歌，正是讓業務更容易達成的歌。

如果你發現準客戶有共同的事物或興趣，你可以建立起商業情誼，一般而言，人們向朋友購買的可能性較大，向業務人員購買的可能性較小。

你如何建立好感？交談開始之後，你夠不夠精明？找不找得到生意以外的話題？這兒有些技巧，在電話上、準客戶的辦公室裏、自己的辦公室裏，或者社交場合中，都可以嘗試。

你打電話顯然是為了取得約談，所以把火力集中在以下四件事情：

- 在十五秒內切入重點。
- 語調愉快且幽默。
- 取得有關客戶的私人資料。
- 讓約談成為定局。

人們最感興趣的，是人，
其次是事，
最後才是觀念。

明確了行動的目標，下一步就是如何去實現了。對於這個問題，富業務常常採用的戰術便是，快速切入重點建立好感，具體的方法是：

一、立刻說明你打電話的目的

沒有必要問這句客套話：「你今天好嗎？」直接說出你的姓名、公司名稱，以及你的目的。說完之後，對方都會大鬆一口氣。準客戶鬆一口氣是因為這下子他知道你這通電話的來意；而你會鬆一口氣，是因為對方沒有掛斷電話。現在你可以放心大膽去建立好感，取得約談了。

二、準客戶是一本正經還是很友善？

在交談中，試著至少幽默一兩次，但是不要勉強。人都喜歡笑。一個十秒鐘左右、簡短乾淨的笑話所能做的，遠比談十分鐘生意還要多呢？

三、單憑聆聽洞察人心

準客戶的心情、家鄉，以及個性，在幾分鐘的電話上都可以表露無遺；我仔細地聽他的口音，這是我知道準客戶可能是哪兒人的一大線索。這可是個很好的話題，如果你曾經去那兒遊覽過，或者你也來自同一個地方。

四、細聽準客戶的心情？

如果他很明顯地無禮或急躁，你只消說：「我聽得出來你很忙或不是很順利。我們另訂個比較合適的時間，我再打過來給你好嗎？」

五、如果你與準客戶認識，可以巧用個人心思贏得約談

比方說，如果你和一位籃球迷在談天，你可以說：「我知道我可以幫你達到電腦訓練的要求。」

六、記住，人們喜歡談論自己

讓一個人開始談起自己，可以給你大好良機去發掘共同點、建立好感，並增加你完成交易的機會。

七、在開口推銷之前，先建立準客戶的好感

贏得推銷最好的方法就是先贏得準客戶的心。如果發現自己與準客戶有共同點，便能建立起商業情誼。

八、說得出無關生意的事也是常用的辦法。

以在準客戶辦公室的約談為例：一進入辦公室便開始尋找線索：牆上的照片、匾額、獎狀名

人們最感興趣的，是人，
其次是事，
最後才是觀念。

與準客戶從事之行業不相關的雜誌。當你進入準客戶辦公室時，尋找小孩子的照片或活動現場的照片；尋找書架上陳列的物品、書籍、文憑、獎牌；尋找書桌上擺的物品，或任何顯示個人興趣和平時消遣的物品。問問他獎牌或獎盃的來歷；問問文憑或照片的源由。你的準客戶會很樂意談論他的成就與嗜好。

試著用開放式的問題，引導對方進入個人興趣方面知識性的對談。也不失為一種好辦法，不過重點是讓準客戶暢談自己快樂的事物。運用幽默。幽默可以建立好感，因為它能夠構成贊同（當準客戶笑的時候）。讓準客戶笑就等於是為一場情況看好的對談鋪好了路。

富業務提示：

人們的情感規律無外乎兩條：其一，每個人都喜歡談論自己；其二，沒有好感就沒有生意可談。

富業務是幽默高手

日本推銷大師齊藤竹之助說：「什麼都可以少，惟獨幽默不能少」。這是齊藤竹之助對業務員的特別要求。許多人覺得幽默好像沒有什麼大的作用，其實是他們不知道怎麼才能夠學會幽默。讓我們先看看幽默有哪些好處。

那種不失時機、意味深長的幽默更是一種使人們身心放鬆的好方法，因為它能讓人感覺舒服，有時候還能緩和緊張氣氛、打破沉默和僵局。

如果你在推銷的時候表現出色，那麼客戶也是很願意從你那兒購物的。吉拉德說：「我聽到過很多人說他們對外出購車常常感到發怵，但是我的客戶不會這樣說。當我說與喬．吉拉德做生意是一件很愉快的事情時，我相信這句話並不是毫無意義的。」

富業務大多都是幽默的高手，因為他們知道幽默會減輕緊張情緒。幽默可以有助於擺正事情的位置。幽默還是消除矛盾的強有力手段。在尷尬的時候幽上一默，不僅緩解氣氛，還能讓人感到你智慧的魅力，起潤滑作用的幽默是有助於人在各部門中感到舒適自在的一種極佳手段。

窮業務不懂的幽默，因為他們一般都很緊張，在緊張的情況下他們很容易不知所措，當然，

人們最感興趣的，是人，
其次是事，
最後才是觀念。

富業務也有緊張的時候，但不同的，富業務用幽默化解緊張，把氣氛調和開來，而窮業務往往是用恐懼來替代緊張，這樣的結果只會使好的事情變壞，使壞的事情變得更不好。

一個缺乏幽默感的人是比較乏味的。在你的推銷中融進一些輕鬆幽默不失為一種恰當的策略，同時它也能使你的生意變得十分有趣。否則，你的客戶就會保持警惕，不肯放鬆。

一個推銷員當著一大群客戶推銷一種鋼化玻璃酒杯，在他進行完商品說明之後，他就向客戶作商品示範，就是把一隻鋼化玻璃杯扔在地上而證明它不會破碎。可是他碰巧拿了一只品質不過關的杯子，猛地一扔，酒杯砸碎了。

這樣的事情以前從未發生過，他感到很吃驚。而客戶們也很吃驚，因為他們原本已相信業務員的話，沒想到事實卻讓他們失望了。結果場面變得非常尷尬。

但是，在這緊要關頭，業務員並沒有流露出驚慌的情緒，反而對客戶們笑了笑，然後幽默地說：「你們看，像這樣的杯子，我就不會賣給你們。」大家禁不住笑起來，氣氛一下子變得輕鬆了。緊接著，這個業務員又接連扔了五只杯子都成功了，博得了客戶們的信任，很快推銷出了好多杯子。

在那個尷尬的時刻，如果業務員也不知所措，沒了主意，讓這種沉默繼續下去，不到三秒鐘，就會有客戶拂袖而去，交易會失敗。但是這位業務員卻靈機一動，用一句話化解了尷尬的局面，進而使推銷繼續進行，並取得了成功。

當你向一位上了年紀的客戶做推銷的時候，千萬別開關節炎之類的玩笑。一旦你冒犯了他們，你就永遠失去了他們的信任。一定要謹慎。當你推銷矯正或修復儀器時，不要觸及客戶的痛處，當你推銷人壽保險的時候，也要注意別開那種病態的、容易引起對方誤會的玩笑。

所以，顯然，這個人就會認為你不把他當回事兒，那他又怎麼可能把你的推銷當回事兒呢？當然，我們說幽默很重要，並不是就主張你走到客戶的身後，拍著他的後背說：「喂，老兄，你聽說過某某旅遊推銷員嗎？」真想開玩笑的話，一定要措詞乾淨和避免引起誤解。我們知道，做什麼事情都要注意時間和場合。

富業務提示：

幽默要運用得巧妙，有分寸、有品味。在你打算輕鬆幽默一番之前，最好先敏感一點，分析分析你的產品和你的客戶，一定要確信不會激怒對方，因為這種幽默對有些人來說根本不產生作用，說不定還會適得其反。譬如，當你和一個嚴肅的人打交道的時候，你明知道他一本正經，喜歡直截了當，你卻偏要去故作幽默。

人們最感興趣的，是人，
其次是事，
最後才是觀念。

富業務善用感情攻勢

推銷工作的核心是說服顧客。然而運用怎樣的語言去說服顧客是門藝術。

美國推銷大王喬・坎多爾費認為：「**推銷工作九八%是感情工作，二%是對產品的瞭解。**」如此看來，實際推銷中，沒有什麼比「拉」感情更重要了。富業務與顧客見而後「十分鐘之內不應談業務。」那麼談什麼呢？「談感情」，這才是實質推銷過程中的第一步。

富業務懂得怎樣與顧客「談感情」，「套交情」。而窮業務則常常會犯以下的毛病：一是開始他們不會推銷感情，一見面就冷冰冰地問「買不買」、「要不要」；二是後來學會了這一招，然而總是「跳崖」，即正「熱乎」的時候，轉不到正題上來。所以，推銷員一忌無感情，二忌感情過頭。

富業務都懂得要想成功地把自己的產品推銷給顧客，讚美別人的重要性：一個真心誠意的讚美是一個有效的感情催化劑，會為你開創出無數個生機，它是業務員的一貼神奇秘方。

例如：一個業務員在客戶的辦公室裏看見一個特別的花瓶。如果是一位資深的業務員，他可能很快地就會讚美說：「我從來沒見過這麼特別的花瓶，您一定花了不少錢吧？」

你認為你的客戶聽到這句話以後會有什麼樣的反應呢？我想他一定會不厭其煩地花時間向你解釋這中間的整個過程，包括他是如何買到這個花瓶，它的售價以及他是費了多少勁才把它弄回來的。他願意花段時間來向你解釋這一切。你難道不認為你已經贏得他的心了嗎？因此，當你開始要向他推銷產品時，你已經贏了一半了。

不要害怕去讚美別人，你的客戶會因此而感覺和你更為親近，他不但不會給你臉色看，而且還會熱誠地歡迎你。這就是讚美的奇跡。

業務員永遠不要忘記每個人都渴望讚美，包括你的顧客。

富業務和窮業務的一個主要不同是，富業務懂得推銷不僅僅是理性的行為，其中也滲透著許多感性的因素。人都是有感情的動物，你不僅要曉之以理，還要動之以情，才能更好地打動他。

富業務明白，他不僅僅是在推銷產品，同時也是在建立與顧客的情感關係，這在推銷過程中是非常重要的。

關愛客戶是每個推銷員都應該具備的一種品格，你對客戶付出的關愛越多，客戶就會越感激你，他們會以你期望的方式回報你。

下面是一位富業務成功地以感情推銷的例子。

人們最感興趣的，是人，
其次是事，
最後才是觀念。

實例

凱莉在證券公司工作，有一次她訪問到一位獨居的老先生，就用養老的理由建議這位老先生購買股票或債券。她時常去拜訪這位老先生，如果他不在家，凱莉就把股市行情和問候卡一齊放入郵箱內，等老先生回來看。

經過一段時間，凱莉成為受感激的對象，老先生還會請她進屋喝杯茶，談談投資的事。但不幸的是，老先生病逝了，凱莉雖然覺得生意泡湯，但仍然前往參加喪禮。

一個月後，那位老先生的女兒到凱莉公司拜訪她。其實，老先生的女兒是另一家證券公司的經理夫人。

這位經理夫人告訴凱莉說：「我在整理父親遺物時，發現了幾張您的名片，上面還有一些十分關懷的話，我父親很小心地保存著。而且，我也曾聽父親談起過您，彷彿與您聊天是生活的快事，因此，今天特地前來向您致謝，感謝您曾如此鼓勵我的父親。」

經理太太眼角噙著淚水，又說：「為了答謝您的好意，我將瞞著丈夫向您購買貴公司的債券。」然後拿出四十萬元現金，請求簽約。

對於這突如其來的舉動，讓凱莉感到又驚又喜。

富業務提示：

不要以為客戶需要你的產品才會購買，有時客戶並不需要你的產品，但你為他們付出了令他們感動的關心和愛護，他們為了這份關愛，也會購買你的產品。

人們最感興趣的，是人，
其次是事，
最後才是觀念。

富業務以忍耐對付愛面子的人

在商業洽談中，有時不管業務員對產品如何介紹，顧客總是非常固執地堅持自己的意見。針對那些比較頑固的客戶，怎麼才能讓他聽從你的意見呢？富業務對付這種人自有一套方法，即使再頑固的顧客也會最終不知不覺地應允成交。

業務員告訴顧客：「這是最低價格」，他會說「不可能，你再算一遍，不可能有這麼高的價。」如果你說：「我已請示經理了，我們的價不能再減了……」他會說「不行，你再請示一遍，或者把你們的經理找來，我要讓他把價減下來。」

這種顧客確實難對付，因為這種顧客特別要面子，不管有理無理也不願退半步，尤其是有其他人在場時，他們更顯得固執。

這種的顧客大致有三種類型：

一、剛愎自用

這類顧客說出自己的看法後就絲毫不讓步。作為推銷人員，一定要非常自信地加以說服。頑固的人反叛心理比較強，即與他人對著幹。你說那是最低價，他偏不信，你說不能再減價了，他偏要與你還價。你越想說服他，他越固執，他那頑固的心理會表露在言行中，因此很容易觀察到。

二、頑固到底

這類顧客無論如何也要固執到底，不想有所改變。遇事頑固的人總是不受歡迎的，在與人交往中易得罪人，失去朋友。當猛然間發現自己身邊沒有朋友感到孤獨時，他也想到「是不是該聽聽別人的意見呢？」

於是他想到了業務人員是最好的朋友，因為他們對誰都會熱情接待的。為了多聽一些對方的意見，他不會太早地說要買下哪種產品。

三、保守不化

這類顧客以前做過類似的事，而現在再做時發現情況變了，寄希望於以前的事再一次發生，進而表現出固執的行為。如去年冬天買了一件一千元的西服，今年冬天再去買同樣西服，發現標價漲了一百元，他會堅持絕對不付那麼多錢。他對面子也看得很重，當他深信的一切被對方反駁時，他會顯得不安，感到面子上過不去，變得更加固執：「我以前就幹過這件事，沒錯！」

這類顧客過於剛愎自用，自以為無所不知，無所不能。他們認為無需與業務員打交道就可以買到最好的商品。遇到這種顧客，最好的應付辦法，就是讓他自行上鉤。富業務在和這種顧客交

人們最感興趣的，是人，
其次是事，
最後才是觀念。

談時，會表現出一種漫不經心的客氣態度，即對能否向他推銷出商品表現出毫不在意。比如，用冷淡的態度和語氣，使他察覺你並不在乎能否與他達成文易。而你表現出這種態度時，反而會引起顧客的好奇心和興趣。

為何會如此呢？道理很簡單。如果業務員讓人感覺並不認真推銷，或者沒有在推銷，或者言行顯示出推銷成功與否無關緊要時，顧客一定會想盡方法讓眾人看到直銷者的失職。也就是想表示自己作為一個重要人物，是怎樣被漫不經心的直銷者怠慢的。於是，原來不存在的成交機會就來臨了。

富業務在應付這種剛愎自用的顧客時，並不企圖馬上說服對方。如果你竭盡全力將對方的理由都反駁了就更糟，顧客很可能因頑固到極點而發作，令雙方都難堪。這筆生意是做不成了，下筆生意也可能告吹。

富業務會儘量接受顧客所說的事，更要聽他的理由，並在適當的時候向他點頭，這樣一來顧客就以為自已的看法已被對方所接受，自己得到滿足後自然產生了「聽對方意見」的願望。這時業務人員再向他解釋是很有效的。

富業務提示：

對於固執的顧客，你越想說服他，他越固執。所以你應學會忍耐，直到對方收斂自己的言行而準備聽你的話為止。

第七章：促成法則

富業務促成交易有學問，
窮業務不熟方法欠收效。

窮人脫胎換骨發展委員會

富人俱樂部招考辦公室

人們最感興趣的，是人，
其次是事，
最後才是觀念。

富業務善於創造顧客需求

需要是人因生理、心理處於某種缺乏狀態而形成的一種心理傾向。富業務明白，需要是可以創造出來的，推銷員想把商品推銷出去，所需要做的第一件事就是喚起客戶對這種商品的需要。

實例一

一年情人節的前幾天，一位推銷員去一客戶家推銷化妝品，這位推銷員當時並沒有意識到再過兩天就是情人節。男主人出來接待他，推銷員勸男主人給夫人買套化妝品，他似乎對此挺感興趣，但就是不說買，也不說不買。

推銷員鼓動了好幾次，那人才說：「我太太不在家。」

這可是一個不太妙的信號，再說下去可能就要泡湯了。忽然推銷員無意中看見不遠處街道拐角的鮮花店，門口有一招牌上寫著：「送給情人的禮物——紅玫瑰」。這位推銷員靈機一動，說道：「先生，情人節馬上就要到了，不知您是否已經給您太太買了禮物。我想，如果您送一套化妝品給您太太，她一定會非常高興。」這位先生眼睛一亮。推銷員抓住時機又說：「每位先生都希望自己的太太是最漂亮的，我想您也不例外。」

於是一個很貴的化妝品就推銷出去了。後來這位推銷員如法炮製，成功推銷出數套化妝品。

無論你從客戶購買你的產品中獲得多少收益，你都應該以客戶為導向。你需要錢，但客戶不會因此來購買你的產品，除非他需要你的產品。讓客戶想像一下簽約後的種種喜悅，也是促成的妙方之一。換句話說，讓客戶想像一下購買了這種商品之後可以有多少福利，以提高購買的欲望，自然就會在合約上簽字。這又稱為「結果提示法」。請看下面的例子。

實例二

客戶：「我還是覺得不需要那麼早買！」

推銷員：「凡事總是未雨綢繆的好呀！王太太，您記得嗎？小寶寶剛出生時不是收到很多親友送的衣服嗎？」

客戶：「是啊！」

推銷員：「其中不是有六個月、一歲或兩歲穿的衣服嗎？當初您是不是覺得不知什麼時候才穿得上呢，可是轉眼之間，那些衣服不是都不能穿了嗎？」

客戶：「是啊！時間過得真快。」

推銷員：「買保險永遠不嫌太早，只怕您買的不夠，就像大人給穿小孩衣服一般。王太太，

人們最感興趣的，是人，其次是事，最後才是觀念。

請您閉上眼睛回想看看！小寶寶從能爬到站起來，蹣跚地走出人生第一步，似乎才是昨天的事，您看他現在叫起爸爸媽媽來多惹人疼愛，再不久他就要背書包上小學了，別說還早，趁現在保費較便宜，先準備一筆教育基金，將來孩子一定會感謝您為他設想得這麼周到！」

有很多人看起來似乎不需要保險，可是一經分析，卻發現每個人都需要保險。一個年輕人剛從學校畢業，一年有四十萬元的年薪，他沒有任何需要撫養的家眷，而且短期內也不想結婚，但是富業務這樣對他說：

實例三

「這樣的情形下，您不需要投保人壽保險。如果有人告訴您，您需要投保人壽保險，那這個人說話一定沒有經過大腦。我是一個保險專家，我可以坦白告訴您，您並不需要保任何險，可是請問您，您計畫結婚嗎？」

「哦！也許過一兩年吧，可是那是很久以後的事。」

「即使等您結了婚，您也還是不需要保險，您知道為什麼嗎？因為萬一您不幸發生了什麼意外，您太太仍然年輕，她可以工作，也可以再婚，所以在這段時間內您不需要投保人壽保險。那麼再請問您，您將來計畫有小孩嗎？」

「當然我們都希望養個小孩，所以我想應該會有小孩吧！」

「當您太太懷孕的時候，我想您就應該投保了，現在讓我們來看看人壽保險的基本原則。任何人要買人壽保險時都有三個問題要考慮：第一個是職業。您的職業不屬於危險性高的職業，所以我想沒有問題。第二是健康，您現在身體健康，這也沒有問題。不過三四年以後，我就不敢說了，但現在我們假定您的健康情況一直良好，所以也不成問題。第三個問題，就是您的年齡，您年齡愈大，買保險時保費就愈高，一般而言，每增加一歲，保費就增加三％。」

「不過再等三年實在也差不了多少。」

「老兄，那可有差別呢！假如在三年之內您太太懷孕了，那時您準備買人壽保險，您就要付比現在高出九％的保險費；如果您現在的所得稅稅率是三七％，那也就是說您必須要多賺一二％的年薪，才付得起那份保險費。這並不是說在第一年就得多付九％，而是您在投保的每一年都需要多付九％，這筆帳您算算看怎祥才划算。假如您現在投保，三年以後，您還是擁有同樣價位的保險，可是每年就省下了一二％以上的保費。我相信以您的努力，將來一定會飛黃騰達，而且我也希望多一位傑出的客戶，這樣我的業績才能蒸蒸日上呢！所以我願意現在為您設計一套保險計畫，讓您從現在開始節省一二％的多餘保費。」

「啊，讓我考慮考慮。」

由上述對話可以看出，到最後這位富業務一定會成功簽下保單。而他所運用的策略正是把握現在而又著眼於未來的「無中生有」，讓客戶從開始的毫無需要到最後的非購買不可。

人們最感興趣的，是人，
其次是事，
最後才是觀念。

富業務提示：

需要是可以創造出來的，推銷員想把產品推銷出去，所需要做的第一件事就是喚起客戶對這種商品的需要。

富業務把客戶「抓牢」

一般情況下，在顧客的抱怨中有四〇%是關於商品售後服務的，這就說明售後服務在推銷中是十分重要的，它代表著推銷的文化、精神、形象。因此，一流的售後服務是防止顧客抱怨的一條有效的途徑。缺乏經驗的窮業務卻狹隘地以為，推銷工作主要是把產品推銷給顧客，推銷結束後就鬆了一口氣，因為自己的工作成功了。其實這是大錯特錯的。

有經驗的富業務都知道，推銷行業中有一個重要的法則，即八〇%的銷售量是由二〇%的重要客戶來實現的。這二〇%的重要客戶可以說是他們長期使用的「關係戶」、「堡壘戶」。如果喪失了這二〇%的「關係戶」，他們將喪失八〇%的市場。

業務員用什麼方法才能在激烈的市場競爭中牢牢地抓緊這些「關係戶」呢？靠的是優良的產品和第一流的售後服務。光有前者還遠遠不夠，還必須加以後者的輔助。而許多廠家和業務員對於後者還沒有引起足夠的注意。

商品推銷不同於一般的工作，它是向前無限循環的，即推銷工作沒有終點。當顧客購買業務員的第一件商品的時候，雖然生意已成交，但是業務員的工作並沒有結束，接著就是售後服務工

人們最感興趣的，是人，
其次是事，
最後才是觀念。

作的開始。而售後服務又是下一次交易促成的基礎，這是推銷過程中的連鎖反應。嚴格地說，「推銷」一詞就是將目前顧客尚無此需要或需要微弱的商品或服務推銷給顧客，使顧客滿足後使之能反覆購買，只有優秀的富業務才能完善地做到這。

售後服務貴在一個「誠」字。下面的例子很好地說明了這個道理。

實例

大東鍋爐廠向民生公司出售了一台中型鍋爐。儘管「民生」聲稱自己有技術力量安裝，但「大東」還是派出一個有經驗的三人小組予以協作。果然，鍋爐一運到工廠，便發現對原有設備必須做某些調整才能正常發揮效益。這三個人二話沒說，穿起工作服就組裝了起來。安裝完畢，一次就點火成功。三天後，他們又去檢查，用戶滿意。以後每隔二個月，「大東」便派專員前往「民生」訪問，「民生」看到他們這麼熱誠，不招即來且服務周到，深受感動，極力動員他們的另外幾家關係企業也去「大東」買鍋爐。朋友的勸說比推銷員更靈，於是「大東」便又增加了兩個主顧。

一流的售後服務是維繫顧客的行之有效的方法，這種服務現在越來越被許多商家採用。這就說明一流的售後服務在整個推銷中以至成交後都是很重要的，它不僅維繫過去的「老關係戶」，而且對新顧客也是極具誘惑力的。

富業務提示：

一流的售後服務是關係到企業生存和發展的重要因素之一。因此，業務員必須向顧客做好售後服務，維繫以往的「關係戶」。佔有了顧客，也就佔有了市場。

人們最感興趣的，是人，
其次是事，
最後才是觀念。

別給客戶說「不」的機會

一旦業務員在聽到購買信號之後，便會立刻開口交易。但是為什麼同樣捕捉到了成交信號，而有的業務員卻仍未促成這筆交易呢？

其實，窮業務與富業務的區別之一便是，能否在開口要求交易時遵循一條重要準則：在所問的問題中，要消除否定答案出現的可能性。消除掉「不」這個字眼，並不表示你就會得到垂涎已久的「成交」，但至少你會得到一段對話，一段終將把答案引到「成交」的對話。

實例一

「瓊斯先生，你喜歡明亮顏色的運動衫，還是暗色的？」或「你想要幾件你說你喜歡的暗色運動衫？」或「你希望在下個月一號之前或之後送貨？」或「你希望我們什麼時候把這些送過去？」或「請問你付款方式是開支票還是刷信用卡？」。

這些例子是利用時間、選擇或喜好的方法——一個輕輕鬆鬆就把「不」，給摒除在答案之外的技巧。

有些促成問題可以以「不」作為可能的回答。但在你提出這類促成問題以前，千萬要確認準客戶的購買興趣。

實例二

你向瓊斯先生銷售一台傳真機。瓊斯先生說他希望能在星期二以前買一台，但是他沒說要跟你買。行銷人員問：「你要不要我星期一傍晚幫你送一台過來？」這是一個實實在在的促成問題。準客戶有可能回答你「不」，但是他不太可能會這麼說。（即使他說「不」，你就問：「那什麼時候送最方便呢？」）

開口要求交易的關鍵在於真誠、友善的態度。不要逼迫或施加高壓。如果你問了促成問題後便停止說話，空氣中的緊張氣氛會迅速凝結，此時，業務員的自信十分需要，如果你相信你的準客戶會向你購買，他就會向你購買。

大部分的業務人員不會開口要求交易，因為他們害怕被拒絕，提到金錢就渾身不自在，或者反應不夠靈敏，認不出客戶的購買訊號。

行銷人員切忌不知何時與不知如何開口要求交易，否則就會保不住交易。

人們最感興趣的，是人，
其次是事，
最後才是觀念。

富業務提示：
交易屬於促成者，而大部分的人喜歡心服口服地完成一筆交易。

窮業務常犯這樣的錯誤

一個人帶著現金到汽車經銷商那兒想買部新車，但那裏的業務人員太差勁了，所以他什麼也沒買就走了。他到現在還沒買到車，但是他已經告訴二十五至五十個人那次經驗教訓了。很不幸的是，這並不是偶然的情形，推銷態度差勁的業務員比比皆是。

每個老闆或推銷專家讀到這兒都會信誓旦旦：「這種事在我們這裏不會發生。」他們真是大錯特錯。行銷人員變得自大，自以為什麼都懂，認為客戶太笨了，用同樣的態度對待每一位客戶，最後終於什麼都搞砸了，東西也賣不成。

他們忘了最基本的原則，就是要讓客戶或準客戶有購買的心情。放輕鬆，你並不一定每次都要去推銷它。如果你做得對，有九五%的時候客戶會自動購買！

這兒有十個窮業務最常犯的錯誤：

一、對準客戶有成見

單憑外表、衣著或言語，就在心裏預設立場，不管他有沒有錢或會不會買。

人們最感興趣的，是人，
其次是事，
最後才是觀念。

二、糟糕的準客戶求證

在推銷開始之前，問不出準客戶的要求。

三、沒有聆聽

只專注在銷售的立場，沒有試著去瞭解準客戶到底想（需要）購買什麼。

四、優越感

以高姿態對待準客戶，會讓準客戶在購買過程中，覺得受到不公平待遇，缺乏敬意。

五、今天就買的壓迫感

如果你一定要採取這種手段，那是因為你害怕客戶會在別處找到更划算的交易，同時也暗示了「你我各不相干」的態度。

六、沒有討論到需求

如果你聽準客戶說話，他會把實際所需告訴你。介紹給他一些符合他需求的商品，準客戶就會購買了。不要用你自己的立場來銷售，要站在準客戶的立場。

七、流露出要促成的模樣與強迫推銷

「如果我可以給你這個價錢，你會不會今天買？」這是一句令人憎惡的話，說出這種話來的推銷人員不是需要加強訓練，就是成事不足、敗事有餘的人。當你要進行促成的時候，不要表現得這麼明顯。

八、令購買者懷疑你的用心

如果你在商品說明過程中，由友善變成很有壓迫感，或者更改說詞、價錢，購買者會喪失信心——你則喪失了業務。

九、不夠真誠

「真誠是關鍵所在；如果你假裝得出來，那也是捏造出來的」這是一句古老的推銷諺語，但它只說對了一半：真誠是與一位即將成為客戶的準客戶建立信任和關係的關鍵所在，但前提是你得先成功地將這些感覺傳達給準客戶。

十、差勁的態度

「我賣東西給你是幫你的忙。不要叫我走開，因為我不會走開。」

下面是有一個很簡單的自我測驗，可以檢測出你是否也會犯上述的錯誤，現在讓我們開始

人們最感興趣的，是人，
其次是事，
最後才是觀念。

吧！看看客戶是否正在離你而去。以下這些問題，你能回答「是」嗎？

- 在我開始中推銷過程之前，我是不是已經知道準客戶的需求了？
- 在推銷過程中，我有沒有和客戶討論過他們的需求？
- 準客戶在講話時，我有沒有看著他？
- 我有沒有做筆記和提出問題來加強我的瞭解？
- 如果我是客戶，我會不會跟自己購買？
- 我真誠嗎？
- 這位客戶會帶另一位準客戶回來接受同樣的待遇嗎？

以下這些問題，希望你們能回答「不」：

- 我是不是使用高壓手段讓客戶今天購買？
- 我是不是一定要用苦肉計，說些賺人熱淚的故事來引誘準客戶購買？
- 我是不是用老掉牙的推銷手法，還以為我的準客戶會笨得不知道？
- 購買者是不是懷疑我的居心？
- 準客戶回到家，有時間思考後，是不是取消了合約？

富業務提示：

並不是每一次業務都需要推銷產品。

富業務從容應對意外情況

推銷工作中最常見的意外情況是突然因為話題中斷或無法進行而出現沉默的局面。沉默的時間愈長，交易就愈容易失敗。因此，最好能儘量避免這種情形。但當這種局面出現時，有經驗的富業務不會感到渾身不自在，而是坦然視之，並找些熟悉的話題向客戶提問，把推銷活動繼續下去。

或者乾脆直接說：「看來，這個問題已經談得差不多了，如果你有什麼新的想法，待會兒咱們再補充。」、「現在，你是否認為應該討論下一個問題了？」這樣說，會讓客戶以為的確到了該換話題的時候了，而不會以為是因為你沒有話講。

還有另外一些場合也需要靈活機動。比如，當業務員正在與一個新客戶談生意時，一個老客戶打電話來提出退保，這時，推銷員肯定會感到雙重壓力，既想向老客戶挽回敗局，又怕在新客戶面前洩露自己推銷失利的資訊。

在這種情況下，窮業務往往忙中出錯，既未在老客戶那裏挽回敗局，又讓自己狼狽地趕走了新客戶，鬧了個雞飛蛋打。而富業務卻能臨危不亂，毫不慌張。

人們最感興趣的，是人，其次是事，最後才是觀念。

他會在電話裏客氣地對老客戶說：「那沒關係，不過我現在正與一位朋友談要緊事，我們明天見面詳細談談，你看怎樣？」你這樣說，老客戶通常不會拒絕你，而你還有一個機會和他談判，說不定能維持原有的交易；而新客戶一方面會因為你重視他而感到高興，另一方面，也會因為你為了他而拒絕一次約會而感到歉意，這也有助於你與他成交。

再比如業務員在向新客戶進行商品推銷說明時，突然碰到老朋友。這種情況下富業務會以親熱的語氣與他寒喧，讓兩位客戶坐在一起，對他們用同樣親熱的態度。

在交談中，兩位客戶會逐漸熟悉，這樣一來，商品說明更能順利進行，而且效果良好。或者先暫時中止與新客戶的交談，可以對他說：「請原諒我先離開一下。」得到允許後，上前與老客戶寒喧晤談。

業務員在進行推銷的過程中，會遇到千變萬化的情況。這要求推銷員沉著冷靜、機智靈活地處理，把不利的突發因素消解，甚至化為有利的因素。

富業務往往具有這種機警靈敏的素質。意外的情況並不總是壞事，善於隨機應變的富業務往往處理的好，甚至有利於他的推銷。

在一般人的觀念中，都認為業務員是「賣了東西，就不認人」的人，而你的這種做法會讓他們都覺得你不是那種人，而是值得信賴的。

富業務提示：

隨機應變的技巧是沒有什麼定式的，主要的原則就是在突發的事情面前沉著處理，避開和化解不利因素，抓住有利因素，使意外事件不影響成交，甚至能促成交易。

人們最感興趣的，是人，
其次是事，
最後才是觀念。

富業務引導客戶做決定

猶豫不決的顧客，一般而言，並非與年齡成正比，只是自己不知道如何處理事情。因此碰到該做決定的事時，就舉棋不定，顯出一副迷糊樣，尤其在買東西時更是這樣。你時常可在商店或百貨公司內，看到這種顧客在跟朋友商量，或手裏拿著兩三件東西，不知如何取捨。其實這種顧客，最希望有人幫他做決定，這時如果你能用充滿自信的態度和言語，幫他做肯定的決定，並給出充足的證明和理由，業務就會談成。

富業務往往會對猶豫不決的客戶說這樣的話：

「這一件很適合你！因為你皮膚很白，穿這件挺合適，和你一起來的朋友，也這麼認為吧！」

「你帶著其他牌子的答錄機走，也許會因車子的震動，發生故障。但是這種牌子我保證，絕不會震壞。因為這一件，是曾被空軍運用在射擊訓練上。」

「我們公司從一九五五年創立以來，一直就做電器測量儀器，光是專利就有一二二件，新發明的則有一〇〇一件，可算是電器界的泰斗。從創立至今，我們一直秉承踏實負責的經營態度，所以有些顧客評價我們的店員說：『你們店裏的職員說難聽點，像土包子，然而實際上卻很淳樸。』也許是我們的員工都具有熱誠服務的態度吧！所以現在某鋼鐵公司所有的測量儀器，都是在我們這裏訂購的。」

像這種說法，就能幫助顧客很快做出最後的決定。對於猶豫不決的顧客，窮業務反而問他：「你覺得哪種比較好？」這樣反而會增加他的排斥感，倒不如看著他的眼神想辦法適時給予誘導性的建議，導向做出決定的方向。比如「你家有四口人，買這種尺寸的洗衣機，我認為比較適合。」、「反正你總歸是要買，還是買這種比較好。」

要順著顧客的意思，用肯定的語句，一步一步地向購買的方向誘導。最要緊的是，談話中如果看到顧客顯出猶豫不決的樣子時，你絕不可再重覆一遍說過的話，這一點是非常重要的。對方本來心裏就亂，你若不果斷地引導他，會更加重他的猶豫不決。

富業務提示：

對猶豫不決的顧客，要善意的引導，引導的方式，要依據顧客的情況而定，要真誠的為對方提供參考，打消顧慮，語言要平和，不要急功近利。

富業務輕鬆應對客戶尋根究底

有的客戶在買東西時喜歡尋根究底，就是常說的那種比較較真、或者比較挑剔的人。比如下面的客戶。

實例

客戶：「你們店裏的東西包裝得很好，常使顧客很滿意，裏面裝的東西，是不是也一樣呢？」

推銷員：「這是小店創業五十年的傳統，一向都如此。」

客戶：「你們的傳統又是什麼？」

推銷員：「光顧本店的客人，大都是很高雅的人士，所以形成本店的高雅風氣，某雜誌也曾有過這樣的報導。就因本店有這樣的顧客，所以才以尊重傳統風氣，做為本店經營的方針。」

客戶：「噢，是這樣啊！可是又為什麼……？」

推銷員：「是的，說的乾脆點，就是本店格調很高的緣故。」

客戶：「為什麼貴店格調會比較高呢？」

有些顧客，就像這樣有一句沒一句的問個沒完，推銷員也許會把這種人歸到屬於難纏的顧客之列，其實像這種追根究底的顧客，大致可分為四種類型：

一、具有小孩般好奇心的顧客。

二、具有學者涵養態度，喜歡探究自己所關心的事。

三、本性就屬喜歡追究，又愛聊天的人，這種類型的顧客以女性居多。

四、由於個性的關係，總要追根到底弄個明白，這種類型的顧客，大多具有自卑感。

當碰到這些顧客時，你必須先找出顧客追根究底的原因，再加以應付，才能成功地達成銷售任務。

第一類型的人，並不重視事實，只要跟他說明，讓他產生認同感，他就會滿足，就像對待小孩般的回答方式就可以了。

第二類和第四類的人，就必須拿出證據，證明的確是事實才可以。

第三類的人，你只要跟他談如何交貨和一些商場上的風吹草動和批評，他都會很樂意聽的。

有些第二類的顧客，或許會問你：「為什麼同樣的商品，顧客們都喜歡買你們店的？」

你可以這樣回答：「我想這件事顧客大概也知道，在總公司的附近地區，我們共有四家分店，本來四家分店的包裝紙是不一樣的，可是逢年過節時，我們發覺顧客都喜歡用××分店的包裝紙，於是我們就請某大學的研究所幫我們做了一次市場調查，才發現人們似乎都有喜歡在那一分店買

人們最感興趣的，是人，
其次是事，
最後才是觀念。

禮物的習慣，所以我們才決定，所有分店及總公司都採用那種受歡迎的包裝紙。」

應付第四類顧客的問題，可以說：「為什麼本店格調較高，我也不清楚，但是根據某一大學的研究結果顯示，風度及學識愈好的人，尤其是中年以上的人，愈是講究傳統，重視傳統。因為小店歷史悠久，大家對於本店，多少也有點懷古的心理而前來光顧，不過你這個問題，的確是把我問倒了。」

富業務提示：

談談自己的成就，同時也滿足對方的優越感，更能吸引顧客。有時候，必須先滿足顧客的求知欲後，才能談成生意。

第八章：成交法則

富業務捕捉時機易成交，
窮業務缺乏技能錯時機。

窮人
脫胎換骨
發展委員會

富人
俱樂部
招考辦公室

人們最感興趣的，是人，
其次是事，
最後才是觀念。

富業務善於捕捉成交信號

富業務懂得，在推銷活動中，成交時機的到來往往是有跡象的，常常會伴隨著許多特徵變化和相關信號。富業務往往能及時瞭解並捕捉客戶的購買信號，領會客戶流露出來的各類暗示；透過察顏觀色，根據客戶的說話方式和面部表情的變化，判斷出客戶真正的購買意圖。而窮業務則往往因為感覺的遲鈍、缺乏足夠的判斷力而錯失良機。

敏銳的眼光是業務員成功的一項秘密武器，能夠洞悉客戶的心意是完成交易的第一要訣。這在很大程度上是一種心靈的感應，很難從理論上說清楚。

實際上，客戶的購買信號往往有跡可循，客戶在已決定購買但尚未採取購買行動時，或已有購買意向但不十分確定時，常常會不自覺地透過行動、言語、表情、姿勢等管道反映出來。業務人員只要細心觀察便會發現。

怎樣才能看出客戶的購買訊號呢？這就要注意顧客的反應，比如眼神、姿勢、口氣、溝通方式等。

一、眼神

俗話說：眼睛是心靈的窗口。最能夠直接透露購買訊息的就是客戶的眼神。如果商品非常具有吸引力，客戶的眼中就會放出渴望的光彩。當你講到使用這一項商品可以獲得可觀的利益，或是節省大額金錢時，客戶的眼睛如果隨之一亮，就代表客戶最感興趣的是獲利。這就透露出了他的購買訊息。

二、動作

業務員將宣傳資料交給客戶看時，如果客戶只是隨便地翻一翻就放在一旁，說明他對於這份資料不認同或不感興趣。如果客戶的動作十分積極，如獲至寶，不停地發問，則表現出他對這個產品感興趣。

三、姿態

如果客戶坐得離你很遠，或是翹個二郎腿，或者雙手抱胸，就表示他的抗拒心態很強烈。如果他斜靠在沙發上用慵懶的姿態和你談話，或是根本不請你坐下來談，只願意站在門邊說話，這些都表示他對你的產品興趣甚微，推銷成功的可能性不大。

反之，若是他對你說的話頻頻點頭，表情專注而認真，身體越來越向前傾，則顯示認同度高，兩人洽談的距離越來越近，成功的可能性就高。

人們最感興趣的，是人，
其次是事，
最後才是觀念。

四、口氣

當客戶由堅定的口吻轉為商量的語調時，表示他逐漸接受你的話。另外，當客戶由懷疑的問答用語轉變為驚歎句用語，也表示他對你的產品開始感興趣。

五、探詢深入的問題

例如：你們的產品可靠嗎？你們的服務做得好嗎？如果變成使用你們產品之後有沒有保障呢？多久保養一次？等問句也都透露出客戶在認同產品後，心中想像將來使用時可能產生的問題，這就呈現出想要購買的前兆。

當客戶為了細節而不斷詢問業務員時，這種一探究竟的心態，也是購買訊號。如果業務員可以將客戶心中的疑慮一一解開，答案也令其滿意，訂單馬上就會到手。但同時也要防止有的客戶只是兜圈子，企圖用問題來打垮業務員的信心，這時就需要業務員憑經驗判斷客戶的用意，並在很快的時間內轉移話題，再導入推銷之中。

以上這些情況都是成交的信號，業務員一定要果斷地抓住這些時機。富業務在推銷活動中始終注意觀察客戶，捕捉客戶發出的各類購買信號，只要信號一出現，就迅速轉入敦促成交的工作。而窮業務常犯的一個錯誤是，他以為不把推銷內容講解完畢、不進行操作示範就不能使客戶產生購買欲望，也做不成一筆交易。其實，客戶對產品的具體要求不同，產品對他重要程度也不同，因而客戶決定購買所需的時間也不同。業務人員只有時刻注意，敏銳觀察，才不會失去機會。

在推銷成交階段，富業務總是根據不同客戶、不同時間、不同情況、不同環境，採取靈活的敦促方式，對購買信號施以相應的引導技巧，進而保證圓滿成交。

富業務提示：

辨識購買訊號是行銷中，邁向促成的第一步，注意聽！購買者可能在向你發出訊號了。

人們最感興趣的，是人，
其次是事，
最後才是觀念。

富業務時時注意的二十個訊號

一個推銷高手需要具備辨認並利用這些訊號來完成交易的能力。

以下是富業務在推銷過程中時刻注意尋找的二十個訊號：

一、有關現貨或時間的問題。

「這些商品有庫存嗎？」、「你們多久會進一批新貨？」

二、有關交貨的問題。

「你什麼時候可以派人送過來？」、「我必須在多久以前通知你？」

三、費用、價錢的特定問題，或負擔能力方面的陳述。

「這款……要多少錢？」、「我不知道我是不是買得起這種款式的……？」

四、任何與金錢有關的問題或陳述。

「我要付多少現金才能買到這產品？」

五、有關你們公司的問題。

「你在這家公司服務多久了？」、「你們公司成立多少年了？」

六、需要你重複說明。

「剛剛還沒談到融資之前，你說什麼？」

七、提及與前一任供應商所發生的問題。

「以前的供應商服務很差。我們需要服務的時候，你們要多久才會來處理？」

八、與特性和選擇性有關的問題。

「分類器是標準配備還是可以自由選擇的？」

九、品質方面的問題。

「這台機器一個月的印量可以印多少？」

十、保證或保修方面的問題。

「保修期限多久？」

人們最感興趣的，是人，
其次是事，
最後才是觀念。

十一、資格方面的問題

「是不是每一個人都能夠在電話裏回答問題？」

十二、與公司有關的特定問題。

「你們還有哪些商品？」

十三、特定商品或服務方面的問題。

「人工送紙要如何操作？」、「人選是你指派還是我可以挑？」

十四、擁有商品或服務之後的相關問題。

「你們會不會每個月自動供給紙張？」、「你們會不會每個月過來拿帳本？」

十五、確認未定的決定或尋求支援。

「這是對我最有利的方法了嗎？」

十六、想再看一次某某樣品或示範。

「我可不可以再看一次布料樣品？」

十七、問及其他滿意的客戶。

「你們的客戶有哪些？」

十八、問及推薦人。

「我能不能跟你以前使用此產品做過臨時支援工作的人談談？」、「你有沒有推薦人名單？」

十九、購買噪音。

「我不知道。」、「哦，真是的。」「真有趣。」、「那跟我們在做的一樣。」

二十、你把訊號轉變為交易的能力。

每一個購買訊號（問題）都可以轉變成一個促成問題，加速交易的完成——如果你做得對的話。

辨識購買訊號對一位行銷人員來說，是成功與否的關鍵。

富業務提示：

敏銳的捕捉客戶購買的信號，進而抓住成交的時機。在與客戶的交往中，要不斷的提高判斷的能力，揣摩客戶的心理，準確把握客戶的意圖，並且隨機應變。

人們最感興趣的，是人，
其次是事，
最後才是觀念。

富業務能夠妥善收尾

業務員與客戶在談判後的簽字階段對於業務員來說，順利完成它也就大功告成了。

經過一番艱苦的討價還價，該談的每個問題都已經談過，取得了不少進展，但也存在最後的一些障礙。交易已經漸趨明朗，談判接近尾聲，在談判的最後階段，應當有敏銳的談判觀察能力，如果對對方發出的成交信號反應遲鈍，就會坐失良機。如果急於求成，對對方使用高壓政策放鬆警惕，則可能前功盡棄，功虧一簣，如果過分地表露自己的成交熱情，就會迫使自己作出更大的讓步。

收尾在很大程度上是一種掌握火候的藝術。通常會發現，一場談判曠日持久，進展甚微，然後由於某種原因，大量的問題會神速地得到解決，雙方再做一些讓步，而最後的細節在幾分鐘內即可拍板。一項交易將要明確時，雙方會處於一種準備完成的激奮狀態，這種激奮狀態的出現，往往由於一方發出成交信號所致。

發出信號，目的在於推動對方脫離勉勉強強或惰性十足的狀態，而達成一個承諾，設法使對方行動起來。這時富業務懂得：如果過分地使用高壓政策，有些談判對手就會退出，如果過分地表示出你希望成交的熱情，對方就可能會不讓一步地向你進攻。

因此富業務懂得在簽字階段，禁忌以下情況：

一、最後一次報價禁忌

- 報價過晚，或者過於匆忙；
- 讓步幅度太大，顯得過於慷慨；讓步幅度太小顯得毫無意義。

有時，當談判進展到最後，雙方只是在最後的某一兩個問題上尚有不同意見，需要透過讓步才能求得一致，簽訂協議。在碰到這種情況時，怎樣做出最後讓步呢？第一，最後讓步的時間，不能過早，也不能過晚。第二，最後讓步的幅度，不能太大，也不能太小。

二、成交協議的起草和簽字的禁忌

富業務與客戶達成成交協定的起草和簽字的有以下禁忌：

- 協定或條款與談判記錄不吻合；
- 協定文字含混不清，模棱兩可。

談判的成果要靠嚴密的協定來確認和保證。一般說來，協定是以法律形式對談判結果的記錄和確認，它們之間應該完全一致。但是，常常有人在簽訂協議時故意更改談判的結果，故意犯錯誤，在數字、日期、關鍵性的概念上搞小動作，甚至推翻當初的承諾和認可。

人們最感興趣的，是人，
其次是事，
最後才是觀念。

因此，富業務明白，將談判成果轉變為協定形式的成果是要花費一定力氣的，不能有任何鬆懈。在簽訂之前，他會與對方就全部的談判內容、交易條件進行最終的確定。協議確定後，再把協定的內容與談判結果一一對照，在確認無誤之後再簽字。對一個談判人員來講，必須明白：一旦在協議上簽了字，生了效，那麼雙方的一切交易關係都只能以協定為準。

三、慶賀談判成功時的禁忌

業務員在談判成功後禁忌以下情形：

- 過分地喜形於色；
- 只為自己慶祝。

談判即將簽約或已簽約，可謂大功告成，可能在這場談判中你獲得了較多的利益，而對方只得到較少的利益，聰明的談判人員此時是大談雙方的共同收穫，強調這次談判的結果是共同努力的結晶，滿足了雙方的需要，並且，還要稱讚一番對方談判人員的才幹。這樣做，會使對方因收穫較少而失衡的心理得到安慰和恢復，他們會逐漸地由不滿轉為滿足。

如果你認為本次談判的結果只是你個人或你這一方的傑作，只是慶賀自己的勝利，為自己的收穫沾沾自喜，喜形於色，甚至將自己在談判中所做的某些漂亮的動作坦白地告訴對方，以表現自己的談判藝術，譏諷對方的無能，那麼，你是在自找麻煩，對方會為你的行為所激怒，或者將前面已約定的東西統統推倒重來；或者故意提出某些苛刻的要求使你無法答應而不能簽約；或者，即使勉強簽了協議，對方在今後的執行過程中也會想盡方法予以破壞，以示報復。

富業務提示：

在交易的完成階段，簽定協議是很重要的環節，一定要注意一些細節和禁忌，不要在最後的時刻把事情弄糟，不要放鬆對最後結果的注意力。

人們最感興趣的，是人，
其次是事，
最後才是觀念。

富業務會做適當讓步

業務員在與客戶磋商過程中，雙方都會做出一定的讓步。但是無論哪一方，其讓步速度不要太快，讓步的幅度不要太大，不要作單方面的讓步（即使單方面讓步，也必須是有原則的）。

在磋商過程中，正確的讓步原則如下：一方的讓步必須與另一方的讓步幅度相同。

雙方讓步要同步進行。如果你先做了一些讓步，則在對方做出相應讓步前，就不能再讓步了。

為了盡可能地給他們以滿足，不惜做適當讓步，但讓步是為了換取己方的利益。必須讓對方懂得，己方每次做出的都是重大的讓步。以適當的速度向著預定的成交點推進。「適當的速度」是指讓步不要一下子讓得太多、太快。但是也必須是足夠的，使人能夠看到最終成交的前景。

讓步的方式是：

一、只有在最需要的時候才讓步。

經驗豐富的業務人員在可能讓步的時候，是不明說出來的，他們慣用的行話是：「好吧，讓我們把這個議題暫放一放——我想，過些時候它就不再成為一個很大的障礙了。」對方既然這樣說，就應當尊重他的意見，但是當然要確保得到他所承諾的讓步。

二、以樂意換樂意，以讓步換讓步。

比如，下列的談話方式：「啊，現在再繼續談價格問題對我方來說是很困難的。如果你能談談交貨問題，我想大概有助於我們重新考慮價格問題。但像現在這樣是不可能的。你的交貨條件是什麼？先討論討論怎樣？」

富業務提示：

任何的談判過程都是讓步的過程，但要把握讓步的原則。

成功講座 418

窮業務與富業務

海鴿文化出版圖書有限公司
Seadove Publishing Company Ltd.

作者　楊金翰
美術構成　騾賴耙工作室
封面設計　南洋呆有限公司
發行人　羅清維
企畫執行　林義傑、張緯倫
責任行政　陳淑貞

出版　海鴿文化出版圖書有限公司
出版登記　行政院新聞局局版北市業字第780號
發行部　台北市信義區林口街54-4號1樓
電話　02-27273008
傳真　02-27270603
e - mail　seadove.book@msa.hinet.net

總經銷　創智文化有限公司
住址　新北市土城區忠承路89號6樓
電話　02-22683489
傳真　02-22696560
網址　https://reurl.cc/myMQeA

香港總經銷　和平圖書有限公司
住址　香港柴灣嘉業街12號百樂門大廈17樓
電話　（852）2804-6687
傳真　（852）2804-6409

CVS總代理　美璟文化有限公司
電話　02-27239968　e - mail：net@uth.com.tw

出版日期　2025年08月01日　二版一刷

定價　360元
郵政劃撥　18989626戶名：海鴿文化出版圖書有限公司

國家圖書館出版品預行編目資料

窮業務與富業務／楊金翰著--
二版，--臺北市 ： 海鴿文化，2025.08
面 ；　公分. －－（成功講座；418）
ISBN 978-986-392-571-2（平裝）

1. 銷售員　2. 銷售

496.55　　114008972

Seadove

Seadove

Seadove

Seadove